WELT REKORDE DER NATUR

Bibliografische Information Der Deutschen Nationalbibliothek
Die Deutsche Nationalbibliothek verzeichnet diese Publikation in der Deutschen Nationalbibliografie; detaillierte bibliografische Daten sind im Internet unter http://dnb.d-nb.de abrufbar.

Titel der Originalausgabe: *La Terre de tous les records*
Erschienen bei Éditions de La Martinière SA, Paris 2008

Deutsche Erstausgabe

Ein Unternehmen der La Martinière Groupe

Gestaltung: Philippe Marchand/Olo
Umschlaggestaltung: Knesebeck Verlag, Leonore Höfer
Satz: satz & repro Grieb, München
Druck: Graphicom, Vicenza
Printed in Italy

ISBN 978-3-86873-033-3

www.knesebeck-verlag.de

WELT REKORDE DER NATUR

Herausgegeben von der Zeitschrift *Science et Vie*

Texte von Elisabeth Roman, Pierre Grumberg und Émilie Haentjens

Aus dem Französischen von Dagmar Mallett

KNESEBECK

WACHSTUM

GRÖSSE

HÖHE

TIEFE

OBERFLÄCHE

LÄNGE

VOLUMEN

TEMPERATUR

LICHT

GESCHWINDIGKEIT

VORWORT

Millionen Wissenschaftler erforschen unseren Planeten. Botaniker, Verhaltensbiologen, Meereskundler, Vulkanologen, Primatenforscher, Meteorologen – jeder von ihnen ist Tag für Tag den Geheimnissen unserer Natur auf der Spur. Ausgerüstet mit modernster Technik untersuchen sie naturwissenschaftliche Phänomene und kommen oft zu überraschenden Ergebnissen. Halten diese einer kritischen Überprüfung stand, werden sie schließlich in Fachzeitschriften der gespannten Öffentlichkeit präsentiert.

Für *Weltrekorde der Natur* haben wir Hunderte dieser Publikationen durchforstet. Uns interessierten vor allem rekordverdächtige Daten. Die höchsten Berge, die heißesten Orte, die ältesten Pflanzen unserer Erde – je spektakulärer die Spitzenleistungen der Natur waren, umso glücklicher waren wir, sie in unser Buch aufnehmen zu können. Abgesichert durch sachliche Genauigkeit und wissenschaftliche Seriosität, haben wir die unglaublichsten Naturerscheinungen nach plausiblen Kategorien geordnet und in fundierten Texten erläutert. Für die meisten konnten wir Fotografien liefern. Schon diese aufregenden Bilder allein ziehen uns in ihren Bann – für einen Augenblick vergessen wir sogar die konkreten Hintergrundzahlen und lassen uns vom Schauspiel unserer Natur mitreißen ...

Elisabeth Roman

WACHSTUM

EINE ZEDER, DIE JÄHRLICH NUR 26 GRAMM ZULEGT

In Kanada zieht sich ein Wald Weißer Zedern entlang der Steilküsten Ontarios. Die Bäume wachsen äußerst langsam in die Horizontale. Einer von ihnen, der 1992 untersucht wurde, war 530 Jahre alt, nur 25 Zentimeter hoch und wog lediglich 140 Gramm. Das ergibt eine Wachstumsrate von 26 Gramm pro Jahr. Diese Gemächlichkeit ist ein Weg zum Überleben: Würden die Bäume schneller wachsen, würden sie dem Gesetz der Schwerkraft unterliegen.

DIESER BAMBUS WÄCHST PRO TAG EINEN METER

Die chinesische Bambusart *Moso phyllostachys pubescens* wächst pro Tag bis zu einem Meter, durchschnittlich sind es 30 bis 50 Zentimeter. Die Triebe erreichen in wenigen Wochen ihre Maximalhöhe von etwa 20 Metern. Sein schnelles Wachstum macht diesen Bambus zu einem interessanten Kandidaten für die Energiegewinnung aus Biomasse.

ER VERDOPPELT SEIN GEWICHT IN VIER TAGEN

Dieser Heuler der Gattung Mützenrobbe, der in der Arktis und im Nordatlantik lebt, wiegt bei seiner Geburt etwa 25 Kilogramm. Danach wird er lediglich vier Tage lang gesäugt, so kurz wie kein anderes Säugetier, und wiegt dann fast 50 Kilogramm. Diese außerordentliche Gewichtszunahme macht die extrem nahrhafte Muttermilch möglich, die 60 Prozent Fett enthält. Zum Vergleich: Bei Kuhmilch sind es nur vier Prozent.

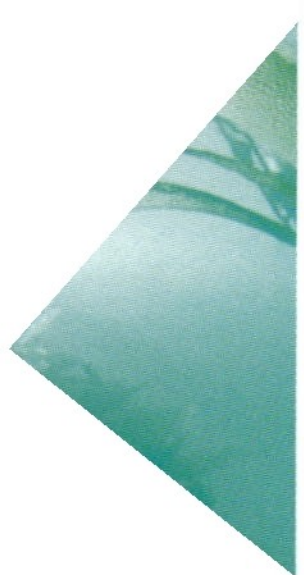

IN EINEM MONAT
WÄCHST DIESE ALGE ZEHN METER

Den Riesentang *Macrocystis pyrifera*, die größte aller Braunalgen, findet man weltweit in den Meeren und Ozeanen. Wie keine weitere Wasserpflanzenart erreicht sie eine Höhe bis zu 60 Metern, was ihr den Beinamen »Mammutbaum des Meeres« eingetragen hat. Und sie wächst täglich bis zu 60 Zentimeter: für eine Alge eine enorme Leistung.

DIESER GIPFEL WÄCHST JEDES JAHR ZEHN MILLIMETER

Der Nanga Parbat (8125 Meter), der neunthöchste Gipfel der Welt, hebt sich jährlich um weitere acht bis zehn Millimeter. In diesem Gebiet im Norden Pakistans, das als höchstgelegene Region der Welt gilt, schiebt sich die indische Kontinentalplatte unter die asiatische, wodurch die Berge stetig angehoben werden. Die Alpen wachsen dagegen nur um einen bis zwei Millimeter jährlich in die Höhe.

GRÖSSE

DAS GRÖSSTE LEBEWESEN

ES HANDELT SICH UM DEN KÜSTENMAMMUTBAUM *(Sequoia sempervirens)*, der über 110 Meter hoch werden kann, das ist ein Drittel des Eiffelturms! Der allergrößte misst sogar 115,55 Meter: Er wurde 2006 im Redwood National Park in Nordkalifornien entdeckt und Hyperion getauft.

28,50 METER SCHNEE IN EINEM WINTER

Auf dem Mount Rainier, dem höchsten Schichtvulkan der Kaskadenkette (Bundesstaat Washington, USA), fielen im Winter 1971/72 insgesamt 28,50 Meter Schnee – das ist der Weltrekord. Der Mount Rainier stellt mit seinen 4395 Metern Gipfelhöhe ein unüberwindliches Hindernis für die vom Pazifik heranziehende feuchte Meeresluft dar, was den außergewöhnlich starken Niederschlag erklärt.

DER SCHWINDELERREGENDSTE WASSERFALL

Bei dem Wasserfall mit dem Namen Salto Angel im Nationalpark Canaima (Venezuela) stürzt das Wasser ohne Unterbrechung 807 Meter in die Tiefe. Die Gesamthöhe dieser gewaltigen Kaskade, nämlich 979 Meter einschließlich des Basisfelsens, beträgt das 18-fache der Niagarafälle! Der Salto Angel wurde 1910 von dem venezolanischen Forscher Ernesto Sanchez La Cruz entdeckt.

DIESE BLÜTE WÄCHST ÜBER DREI STOCKWERKE

Puya raimondii, eine Gebirgspflanze der Kordilleren, blüht nur ein Mal in ihrem Leben, wenn sie ausgewachsen ist (nach 80 bis 150 Jahren). Ihr Blütenstand kann bis zu zehn Meter hoch werden und bis zu 8000 kleine weiße Einzelblüten enthalten. Nachdem sie ihre sechs Millionen Samenkörner verteilt hat, stirbt die Pflanze rasch ab.

Die mit ihren 520 Metern Höhe als Mount Everest der Wüste bekannte Biluthu-Düne ist fünfmal höher als die französische Düne von Pyla, die höchste Düne Europas. Die höchste Düne der Welt liegt neben der chinesischen Wüste Gobi, in der Teilwüste Badain Jaran, einem Sandgebiet von 47 000 Quadratmetern. Seit Jahrtausenden fegen starke Winde über den Landstrich, und außergewöhnlich hohe Dünen türmen sich hier auf.

EINE DÜNE,
DIE DEN EIFFELTURM ÜBERRAGT

DER HÖCHSTE LEUCHTTURM IST EIN FELS

El Faro ist ein natürlicher Leuchtturm: Ein Hügel von 157 Metern Höhe über dem Meeresspiegel, auf dem ein Leuchtfeuer installiert ist. Er wacht seit 1571 über die Bucht des Hafens von Mazatlán (Mexiko). Seit der Leuchtturm von Gibraltar seinen Betrieb eingestellt hat, hält er den Titel des höchsten natürlichen Leuchtturms der Welt.

HAUSHOHE WOGEN

Sie haben nichts mit Tsunamis zu tun, die von Erdrutschen, Erdbeben oder Vulkanausbrüchen ausgelöst werden. Monsterwellen sind gigantische Wasserwände, die plötzlich auf offener See entstehen. Die größte je gemessene brach am 1. Januar 1995 über die Bohrinsel Draupner in der Nordsee herein. Sie erreichte eine Höhe von 26 Metern.

DER WELTHÖCHSTE STEILHANG

Die Nordwand des Mount Thor auf der kanadischen Baffininsel hat eine ununterbrochene Fallhöhe von 1250 Metern. Der Steilhang, der als höchster der Welt gilt, weist einen durchschnittlichen Neigungswinkel von 105 Grad auf. Er zieht alpine Fallschirmspringer aus aller Welt an, die vom Gipfel abspringen und bis zu 30 Sekunden freien Fall erleben, bevor sie die Reißleine ziehen müssen.

NEUN METER HOCH – DIE BERÜHMTE CHINESISCHE SPRINGFLUT

In den Mündungen von weltweit 200 Flüssen erzeugt die auflaufende Flut zusammen mit der Strömung des Flusses jedes Jahr eine als Springflut bezeichnete hohe Gezeitenwelle. Die größte und schnellste Springflut entsteht im chinesischen Qiantang-Fluss: Sie ist mehr als neun Meter hoch und 40 Stundenkilometer schnell. Sie ist derart gewaltig, dass man sie schon eine Stunde vor ihrem Eintreffen hören kann.

IN EINEM JAHR SO VIEL REGEN WIE IN 40 JAHREN IN PARIS

Die Meghalaya-Hochebene in Nordindien ist der regenreichste Ort der Welt (im Jahresdurchschnitt). Der Jahresrekord wurde zwischen August 1860 und Juli 1861 in der Stadt Cherrapunji aufgezeichnet: Es fielen 26,47 Meter Regen, so viel wie in Paris in 40 Jahren. Die Höhenlage des Ortes – 1290 Meter – und der Monsun erklären diese extremen Niederschlagswerte.

Mit seiner Höhe von 67,2 Metern hält das Prachtstück der Grotte San Martín Infierno auf Kuba den Rekord des längsten Stalagmiten der Welt. Ein Rekord, der in Gefahr ist, seit in der chinesischen Provinz Zhejiang, an der Küste zum Ostchinesischen Meer, ein weiterer Gigant entdeckt wurde, der womöglich 70 Meter misst! Diese Messung muss allerdings noch bestätigt werden.

EIN STALAGMIT, DER SEINEN TITEL ZU VERLIEREN RISKIERT

BAUMHOHE PILZE

Die 1879 beschriebenen Prototaxites-Fossilien wurden lange als versteinerte Bäume, Algen oder Flechten gedeutet. Erst 2007 stellte sich als fast sicher heraus, dass es sich um Pilze handelte, die einen Meter Umfang und bis zu neun Meter Höhe erreichten. Diese Riesen, deren Überreste in Saudi-Arabien, Australien und Kanada gefunden werden, wuchsen im Silur und Devon (vor 443 bis 360 Millionen Jahren).

DER HÖCHSTE GIPFEL DER WELT

DER MOUNT EVEREST wird im Tibetischen Tschomolungma (Göttin des Weltalls) und auf Nepalesisch Sagarmatha genannt. Er erreicht eine Höhe von 8850 Metern (laut einer revidierten GPS-Messung von 1999). Dieser welthöchste Berg wurde 1953 von dem neuseeländischen Bergsteiger Sir Edmund Hillary und dem Sherpa Tensing Norgay bezwungen. Die Besteigung wurde seither 3050-mal wiederholt. 203 Bergsteiger starben dabei.

SIE SPRINGT 70-MAL HÖHER

ALS IHRE EIGENE GRÖSSE BETRÄGT

Die Blutzikade, ein Insekt aus der Unterordnung der *Cicadomorpha*, kann bei einer Körperlänge von einem Zentimeter ein 70 Zentimeter hohes Hindernis überwinden. Das würde für einen Menschen bedeuten, bis zum 42. Stock eines Hochhauses zu springen! Mit seiner außergewöhnlichen Sprungkraft ist dieses Insekt dem Floh um das Doppelte überlegen.

HÖ
HE

höhe

ER FLIEGT MIT 11 000 METERN IN DER HÖHE VON LINIENFLUGZEUGEN

DER AFRIKANISCHE SPERBERGEIER *(Gyps rüppellii)*

kann bis zu elf Kilometer hoch steigen, ein Rekord, der durch die Kollision mit einem Jet bestätigt wurde. Die große Höhe und sein ausgezeichneter Gesichts- und Geruchssinn erlauben es dem Aasvogel, ein riesiges Gebiet nach den Tierkadavern abzusuchen, von denen er sich ernährt. Der Geier wandert auf diese Weise täglich bis zu 150 Kilometer, getragen von der aufsteigenden Warmluft, der Thermik.

WOLKEN AUF DU UND DU MIT DER STRATOSPHÄRE

Kumulonimbuswolken, typische Gewittervorboten, reichen von etwa 2000 Metern Höhe bis zur Tropopause, der Grenze zwischen unterer Atmosphäre (Troposphäre) und Stratosphäre, die in unseren Breiten bei etwa zwölf Kilometern und am Äquator bei über 18 Kilometern Höhe liegt. In dieser Höhe lassen der niedrige Luftdruck und die eisigen Temperaturen das Wasser der Wolken augenblicklich verdampfen. Deshalb haben die großen Kumulonimbuswolken die bekannte abgeflachte Ambossform.

DIE BLITZE DER STRATOSPHÄRE

In den 1990er Jahren wurden über bestimmten Gewittern seltsame Lichtblitze entdeckt. Die so genannten »Roten Kobolde« flackern sehr kurz (zwischen zehn und 300 Millisekunden lang) oberhalb der Wolken bis in 100 Kilometer Höhe auf. Sie werden manchmal von »Elfen« in Scheibenform oder, seltener, von kegelförmigen blauen Strahlen, den »Blue Jets«, begleitet. Diese Phänomene kann die Wissenschaft noch nicht vollständig erklären.

In den Bergen des Himalaya liegt das Reich von Fels, Schnee und Eis. Trotz dieser extremen Bedingungen wurden 1955 am Mount Kamet in 6400 Metern Höhe Blumen entdeckt: *Ermania himalayensis* (aus der Familie der Senfgewächse) und *Ranunculus lobatus* teilen sich den Titel der Blütenpflanze mit dem höchstgelegenen Standort.

BLUMEN IM EIS

PLANKTON IN DEN WOLKEN

Bei der Analyse von Eiskristallproben, die in 11,42 Kilometern Höhe über Oklahoma aus Zirruswolken gewonnen wurden, fanden Forscher marines Plankton. Die Wolken waren Überreste des Hurrikans Nora, der zehn Tage zuvor vor Acapulco über dem Pazifik entstanden war.

ER DURCHFLIESST TIBET IN 4000 METERN HÖHE

Der Brahmaputra entspringt in 5200 Metern Höhe aus dem Jêmayangzom-Gletscher am heiligen Berg Kailash. Dieser höchste Fluss der Welt, von den Tibetern Yarlung Tsangpo genannt, durchfließt das gesamte südliche Randgebiet der tibetischen Hochebene auf durchschnittlich 4000 Metern Höhe. Danach erreicht er Indien, um schließlich in Bangladesch in den Ganges zu münden, der sich in den Golf von Bengalen ergießt.

SÄUGETIERE AUF DEM DACH DER WELT

Die dem Himmel am nächsten lebenden Säugetiere sind die Pikas. Zwei Arten dieser Hasenverwandten (*Ochotona roylei* und *wollastoni*) wurden am Mount Everest in 6125 Metern Höhe entdeckt. Noch erstaunlicher: Major Hingston fand am selben Ort 1924 in 6700 Metern Höhe zwischen vereistem Geröll Springspinnen. In dieser Höhe gibt es weder Pflanzen noch Insekten, so dass die Spinnen zur Nahrungssuche absteigen müssen.

TIEFE

DIE SCHÖNSTE NARBE DER ERDE

DER GRAND CANYON des Colorado in Arizona, dessen vertikale Hänge sich fast 1609 Meter tief einschneiden, ist 446 Kilometer lang und nur 14 Kilometer breit – die schönste Narbe auf der Oberfläche der Erde, das Ergebnis von sechs Millionen Jahren Erosion. Der Canyon des Yarlung Tsangpo in Tibet erreicht zwar eine Tiefe von 6009 Metern, hat aber stärker geneigte Hänge.

KILOMETERTIEF GEFRORENER UNTERGRUND

Im hohen Norden, wie auch im größten Teil Sibiriens, bleibt der Untergrund ganzjährig gefroren. Dieser Permafrost erreicht seine größte Tiefe von einem Kilometer bei der kältesten Stadt der Welt, Werchojansk in Jakutien (Nordostsibirien), wo in manchen Wintern die Temperatur bis auf –60° C fällt!

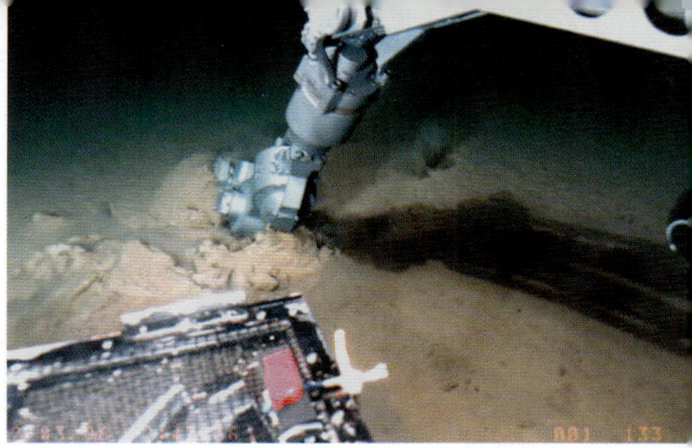

DER ABGRUNDTIEFSTE ORT DER WELT

Am Südrand des Marianengrabens im Pazifik liegt die Challenger-Tiefe 11 034 Meter unter dem Meeresspiegel. Dieser spektakuläre Graben geht auf die Subduktion der Pazifischen unter die Philippinische Platte zurück. Die Messungen wurden 1996 mithilfe des japanischen unbemannten Unterseebootes »Kaiko« durchgeführt und gelten als die genauesten verfügbaren.

EIN TAUCHGANG VON 335 METERN

Im Mai 2007 erreichte ein Tauchroboter der NASA zum ersten Mal den Grund der mexikanischen Doline Zacatón. Ergebnis: Dieser Süßwasserteich mit einer Temperatur von 30° C hat eine Rekordtiefe von 335 Metern! Das Karstloch entstand durch Lösung von Kalkgestein durch kohlensäurehaltiges Wasser.

Im Oktober 1985 fanden die beiden Ozeanografen Mark und Diane Littler vor der Bahamas-Insel San Salvador in 274 Metern Tiefe eine Rotalge aus der Familie der *Corallinaceae*. Bis zu dieser Entdeckung galt als unumstritten, dass unterhalb von 200 Metern wegen des Lichtmangels keine Pflanzen mehr existieren können. Man weiß noch nicht, wie diese Rotalge in nahezu völliger Dunkelheit gedeihen kann: Nur 0,0005 Prozent des Sonnenlichts gelangten bis dorthin.

EINE ALGE

WÄCHST IN DER FINSTERNIS

IN 68 METERN TIEFE VERWURZELT

Eine wissenschaftliche Studie von 1996 hat ergeben, dass die tiefsten Wurzeln bis zu 68 Meter weit in den Boden reichen. In der botsuanischen Kalahari-Wüste wächst ein Busch namens *Boscia albitrunca*. In dieser Halbwüste, wo durchschnittlich nur 300 Millimeter Regen pro Jahr fallen, sind die Pflanzen gezwungen, bis zu den tiefen Grundwasserschichten vorzudringen.

EINE HÖHLE VON ÜBER ZWEI KILOMETERN TIEFE

DIE HÖHLE von Krubera-Voronja in Georgien, am 26. August 2007: Drei Höhlenforscher erreichten bei einem Tauchgang in einem Siphon eine Tiefe von 2190 Metern, was diese Spalte zur tiefsten der Welt macht (wobei der tiefste Punkt 66 Meter über dem Meeresspiegel liegt). Bis 2004 wurde dieser Rekord von der Mirolda-Höhle in der Haute Savoie gehalten, die zwischen Eingang und Grund einen Höhenunterschied von 1610 Metern aufweist.

DER TIEFSTE PUNKT DER WELT

Das Tote Meer liegt 417 Meter unter dem Meeresspiegel. Umgeben von Israel, Jordanien und dem Westjordanland, ist es in Wirklichkeit ein stark versalzter See (der Salzgehalt erreicht bis zu 25 Prozent). Es hat eine Oberfläche von 600 Quadratkilometern und ist bis zu 374 Meter tief. Bis 2050 wird das Tote Meer möglicherweise verschwunden sein, weil sein einziger Zufluss, der Jordan, übermäßig angezapft wird.

DER 1637 METER TIEFE SEE

Der Baikalsee in Südsibirien ist bis zu 1637 Meter tief (durchschnittlich sind es 758 Meter). Bei einer Oberfläche von 3,15 Millionen Hektar enthält er 23 600 Kubikkilometer Wasser, das sind 20 Prozent des nicht gefrorenen Süßwassers der Welt! Der Baikal entstand vor 25 Millionen Jahren und ist damit der älteste See der Welt.

KRUSTENTIERE IN DER TIEFSTEN TIEFSEE

1998 fingen japanische Wissenschaftler am Grunde der Challenger-Tiefe im Pazifik mit Reusen 130 Exemplare der *Hirondellea gigas*, einer Krebstiergruppe *(Amphipoden)*. Das ist ein Tiefenrekord, weil die Tiere bei mindestens 10 911 Metern gefangen wurden, aber auch ein Größenrekord, weil sie bis zu 4,5 Zentimeter lang waren, während sie andernorts höchstens drei Zentimeter erreichen.

OBERFLÄCHE

DER GIGANTISCHSTE EISBERG

295 KILOMETER LANG und 37 breit bei einer Fläche von rund 11000 Quadratkilometern – das ist größer als Jamaika – sind die gewaltigen Ausmaße des Eisbergs B-15, der sich im März 2000 vom antarktischen Ross-Schelfeis ablöste. Seine Trümmer treiben immer noch die Küste entlang, einige gelangten Ende 2006 sogar bis nach Neuseeland.

DER GRÖSSTE WALD DER WELT

Die Taiga, der boreale Wald, die den größten Teil der nördlichen Kontinente zwischen 50° und 70° nördlicher Breite bedeckt, nimmt etwa 15 Millionen Quadratkilometer ein, ungefähr 30 Prozent der globalen Waldfläche, und ist damit fast viermal so groß wie der Amazonas-Regenwald. Die Hälfte dieser Waldzone, die hauptsächlich von Fichten und Kiefern bedeckt ist, liegt in Russland.

EIN PILZ MIT EINER AUSDEHNUNG VON 900 HEKTAR

Im US-Bundesstaat Oregon breitet der dunkle Hallimasch *Armillaria ostoyae* sein unterirdisches Myzelgeflecht im Malheur National Forest über fast 900 Hektar aus. Dieser Parasit, der von zersetztem Holz lebt, wiegt bis zu 600 Tonnen, so viel wie vier Blauwale!

SALZ, SO WEIT DAS AUGE REICHT

Der Salar de Uyuni ist mit etwa 12 000 Quadratkilometern der größte Salzsee der Welt. Er liegt in 3650 Metern Höhe auf einem Hochplateau im Südwesten Boliviens und dürfte etwa zehn Milliarden Tonnen Salz enthalten. Entstanden ist er vor 40 000 Jahren, als ein prähistorischer Salzsee, der Minchin-See, austrocknete.

DURCHLÖCHERT VON METEORITEN

Das größte Meteoritenkraterfeld wurde 2004 in der ägyptischen Wüste auf dem Hochplateau Gilf Kebir in 1000 Metern Höhe entdeckt. Dieses 5000 Quadratkilometer große Gebiet ist von Dutzenden Kratern mit Durchmessern zwischen 20 Metern und zwei Kilometern (wie der auf dem Bild oben) bedeckt, die bis zu 80 Meter tief sein können! Die Krater entstanden vor 50 Millionen Jahren durch einen Meteoritenschauer, als ein Körper beim Atmosphärendurchgang auf die Erde traf und zerbrach.

SIE KANN EIN 50 KILOGRAMM
SCHWERES KIND TRAGEN

Die auf dem ruhigen Wasser treibende *Victoria amazonica* ist eine riesige Seerosenart aus Südamerika. Ihre enormen kuchentellerförmigen Blätter können bis zu zwei Meter Durchmesser erreichen! Die Größe variiert mit der Wassertiefe. Im Sommer bringt diese Seerose eine eintägige Blüte hervor, die bei Sonnenuntergang erscheint.

GROSS WIE EIN LKW-REIFEN

Rafflesia, eine Blume der Regenwälder Südostasiens, kann bis zu einem Meter Durchmesser haben. Die Blüte ist so schwer (bis zu zehn Kilogramm!), dass sie ohne Stängel direkt aus dem Boden wächst. Sie besitzt nicht einmal Wurzeln, sondern Filamente, die parasitisch im Innern einer Liane wachsen.

DIESER SEE KÖNNTE EIN MEER SEIN

Mit seinen rund 380 000 Quadratkilometern Fläche (fast so groß wie Japan) ist das Kaspische Meer, an das Russland, der Iran, Aserbaidschan, Turkmenistan und Kasachstan grenzen, der größte Salzwassersee der Welt. Der Salzgehalt ist drei Mal niedriger als in den meisten Meeren und Ozeanen. Der Obere See in Nordamerika hält mit 82 000 Quadratkilometern den Rekord als größter Süßwassersee der Erde.

DER GRÖSSTE SEE AUF EINER INSEL IN EINEM SEE AUF EINER INSEL

Der Taal-See liegt auf der Philippineninsel Luzon. In der Mitte des Sees liegt Vulkan Taal, ein aktiver Vulkan von 23 Quadratkilometern, auf dem sich wiederum ein Kratersee von vier Quadratkilometern befindet. Der *Crater Lake* ist der größte See auf einer Insel in einem See auf einer Insel!

DIE GRÖSSTE TREIBSANDZONE

In der nordenglischen Morecambe Bay liegen im 310 Quadratkilometer großen Wattengebiet mehrere Treibsandfelder. Durch die Gezeitenkräfte verlagern sich diese gefährlichen Zonen, und um sie lokalisieren zu können, wird jetzt ein satellitengestütztes Überwachungssystem geplant.

EINE SANDFLÄCHE, SO GROSS WIE FRANKREICH

Die zum größten Teil in Saudi-Arabien gelegene Sandwüste Rub al-Khali ist 780 000 Quadratkilometer groß. Die Sandschicht ist bis zu 200 Meter dick. Nur wenige Pflanzen und einige Spinnen und Nagetiere schaffen es, in dieser extrem trockenen Umgebung zu überleben.

AUGEN WIE WAGENRÄDER

Der Kolosskalmar *(Mesonychoteuthis hamiltoni)*, der in der antarktischen Tiefsee lebt, hat noch nicht alle seine Geheimnisse preisgegeben, weil bis jetzt nur wenige Exemplare gefangen wurden. Dennoch stimmen die Forscher darin überein, dass dieser gewaltige Kopffüßer, der bis zu 495 Kilogramm wiegt und 14 Meter lang werden kann, Augen mit einem Durchmesser von 27 Zentimetern hat!

EIN MANGROVENWALD, HALB SO GROSS WIE HESSEN

Der Mangrovenwald in den Sundarbans ist der größte seiner Art auf der Welt. Er liegt am Golf von Bengalen und zieht sich über 10 000 Quadratkilometer (halb so groß wie Hessen) die Küsten von Indien und Bangladesch entlang. Dieses Schlingpflanzendickicht ist berühmt für seine artenreiche Tierwelt: Man findet hier 260 verschiedene Vogelarten und die letzten Bengaltiger.

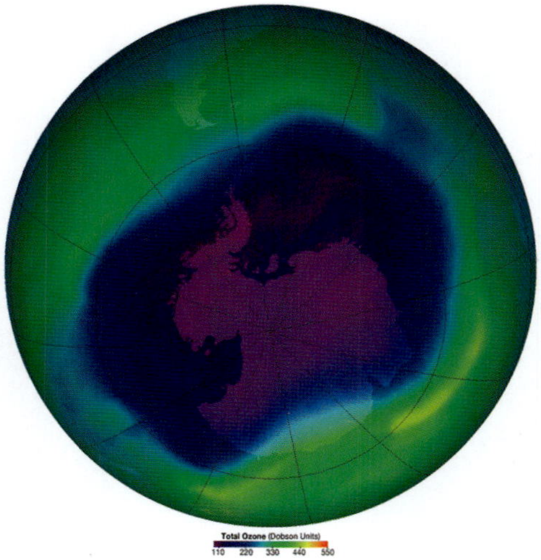

DAS OZONLOCH IST SO GROSS WIE AFRIKA

Ende September 2006 erreichte das Ozonloch über der Antarktis den traurigen Rekord von 29,5 Millionen Quadratkilometer, das entspricht fast der Fläche Afrikas. Die Ozonschicht in 20 bis 30 Kilometern Höhe schützt uns vor ultravioletter Strahlung. Leider wird sie seit den 1970er Jahren von heute verbotenen Treibgasen geschädigt, und seitdem bildet sich jedes Jahr im südlichen Frühling ein Loch darin. 2007 blieb die Größe des Ozonlochs allerdings um 30 Prozent hinter dem Rekord von 2006 zurück.

DIE GRÖSSTEN JE BEOBACHTETEN RAUCHRINGE

Am 24. und 25. Februar 2000 spuckte Bocca Nuova, einer der Krater des italienischen Vulkans Ätna, perfekte Rauchkringel aus, die bis zu zehn Minuten lang sichtbar blieben. Der Rekordhalter hatte einen Durchmesser von 200 Metern und stieg mehr als einen Kilometer hoch. Diese Erscheinung erklärt sich möglicherweise durch den raschen Austritt von Gasen aus einem engen Schacht.

SIE WEBT EIN RIESIGES NETZ

Das Netz der tropischen Spinne *Nephila maculata* ist bis zu zwei Meter breit und sechs Meter hoch – macht insgesamt zwölf Quadratmeter. Es kann sich dehnen ohne zu reißen und so selbst (kleine) Vögel mitten im Flug abfangen; eine Leistung, mit der nur die allerbesten Kunstfasern, zum Beispiel Kevlar, mithalten.

LÄNGE

WIDERHAKEN,

SO LANG WIE KINDERARME

MIT IHREN BEIDEN WIDERHAKEN, die bis zu 38 Zentimeter lang werden können, gilt die amerikanische Wüstenpflanze *Proboscidea parviflora* als »längste Klette der Welt«. Auch als Teufelskralle bezeichnet, hängt sie sich an die Pfoten von Tieren, was die Verteilung ihrer Samen über weite Entfernungen ermöglicht.

STACHELN, SO LANG WIE DEGENKLINGEN

Von allen Säugetieren hat *Hystrix africaeaustralis* die längsten Stacheln. Bei manchen Exemplaren dieser afrikanischen Stachelschweinart können sie bis zu 50 Zentimeter lang werden! Diese Waffe dient dem Nagetier zur Verteidigung und kann manche Angreifer sogar töten.

EIN GEWALTIGER ZAHN

Der Narwal, eine Walart des Nördlichen Eismeers, besitzt einen Zahn (es handelt sich nicht um ein Horn!), der bis zu drei Meter lang werden kann. Lange wurde der schraubenförmige Schneidezahn als Angriffswaffe betrachtet, doch nach neuesten Erkenntnissen dient er der Sinneswahrnehmung: Mit seiner Hilfe nimmt das Tier überlebenswichtige Informationen wie die Änderungen des Wasserdrucks, der Temperatur und des Salzgehaltes des Meeres auf.

DAS SÄUGETIER MIT DER LÄNGSTEN ZUNGE

Anoura fistulata ist nur so groß wie eine Maus, aber ihre Zunge ist 8,5 Zentimeter lang, also anderthalb Mal so lang wie der Körper. Diese Eigenart ermöglicht es der südamerikanischen Fledermausart als einzigem Tier, den Nektar von *Centropogon nigricans* zu saugen, einem Glockenblumengewächs mit äußerst lang gestrecktem Blütenkelch. *Anoura fistulata* bewahrt ihre Zunge in einer Gewebetasche zwischen Herz und Brustbein auf!

ER IST ZEHN METER LÄNGER ALS EIN BLAUWAL

Das längste Tier der Welt ist die so genannte Staatsqualle *Praya dubia*, ein transparenter und gelatinöser Wirbelloser, der bis zu 40 Meter in der Länge misst. Er übertrifft damit noch den Blauwal, der es »nur« auf 30 Meter bringt. *Praya dubia* ist in Wirklichkeit ein Superorganismus, eine Kolonie aus Tausenden von Polypen, von denen aber jeder seine Aufgabe hat: Nahrungsaufnahme, Antrieb, Fortpflanzung.

WEITSPRÜNGE VON 15 METERN

Die oberste Stufe auf dem Siegertreppchen in der Disziplin Weitsprung teilen sich zwei Säugetiere: Puma und Springbock, eine südafrikanische Antilope. Beide springen bis zu 15 Meter weit. Eine andere Eigenheit des Springbocks ist seine Fähigkeit, aus dem Stand bis zu 3,5 Meter in die Höhe zu schnellen.

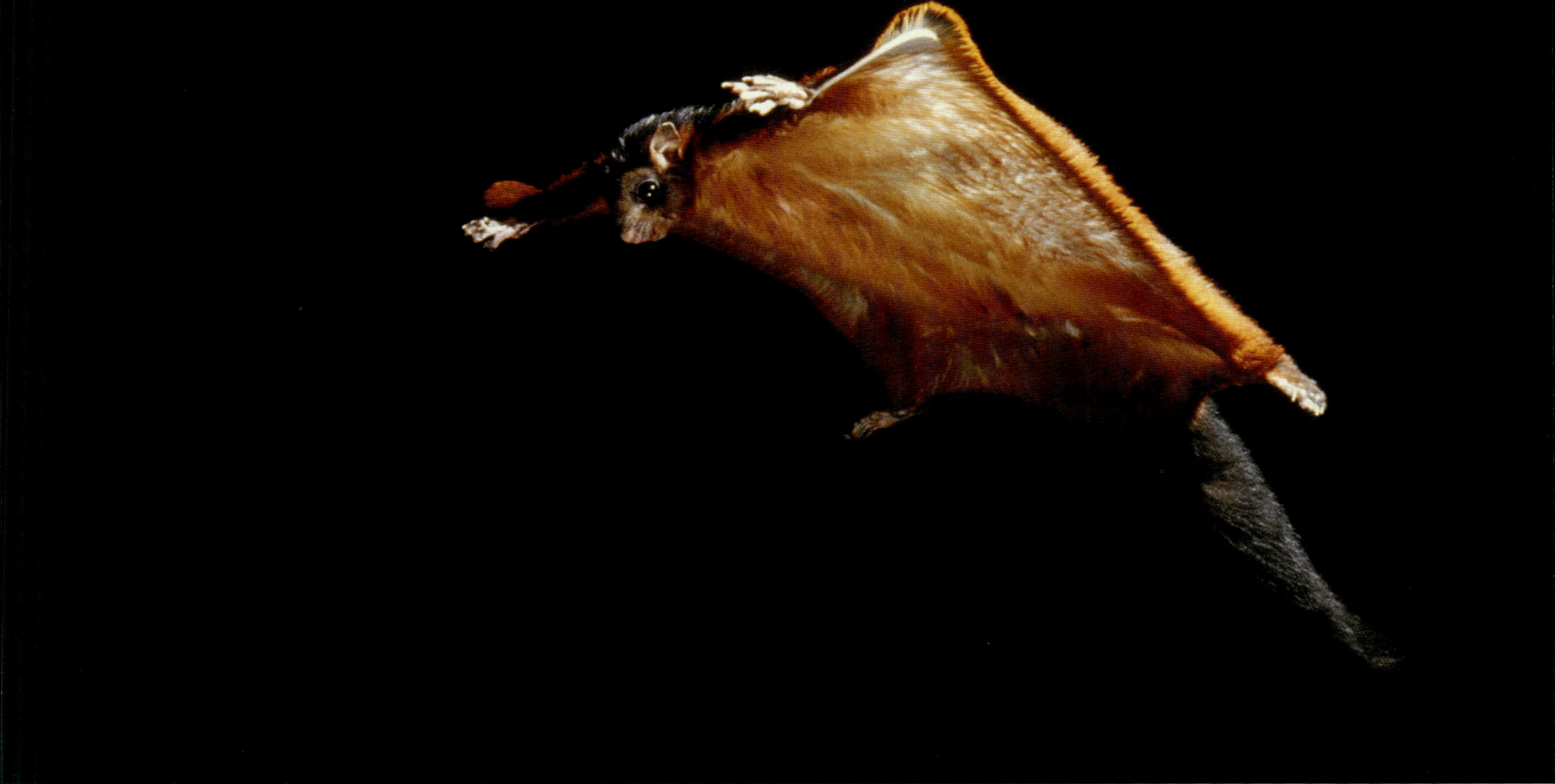

DAS GLEITFLUG-ASS

Das Riesenflughörnchen der Wälder Australiens schafft Gleitflüge von bis zu 450 Metern. Dies gelingt ihm mit der *Patagium* genannten Flughaut zwischen Vorder- und Hinterbeinen. Der Schwanz dient dabei als Steuerruder, so dass es sogar Slalom zwischen den Ästen fliegen kann!

NIEMAND ZIEHT SO WEIT WIE SIE

35000 Kilometer legt die Küstenseeschwalbe zurück, das entspricht zwei Mal der Entfernung zwischen den Polargebieten der Erde. *Sterna paradisaea* brütet jedes Jahr in der Arktis und fliegt dann zum Überwintern nach Südafrika, in die Antarktis und nach Australien, um dort den Sommer der südlichen Hemisphäre mit seinem reichen Nahrungsangebot auszunutzen. Im Laufe ihres Lebens bewältigt eine Küstenseeschwalbe drei Mal die Reichweite von der Erde zum Mond und zurück!

Manche Samenkörner sind sehr reiselustig. Um von einem Land ins andere zu gelangen, lassen sie sich auf den Ozeanen treiben und von den Wellen in andere Küstengebiete transportieren. Der Rekordhalter ist das Samenkorn der *Vierge Marie*, das zwei bis drei Zentimeter lang ist. Man findet die Samen sowohl am Strand der Marshall-Inseln im Pazifik als auch an der norwegischen Küste. Das ist eine Entfernung von 24 000 Kilometern!

DIE REISELUSTIGSTEN SAMEN

SEINE FEDERN HÖREN NICHT AUF ZU WACHSEN

Die Schwanzfedern des Phönixhahns wachsen sein ganzes Leben lang und erreichen eine Länge von durchschnittlich sechs Metern (mit Rekordlängen von über zehn Metern). Der Hühnervogel stammt aus Japan und wird auch *Onagadori* genannt. Er weist eine genetische Anomalie auf, die die jährliche Mauser der Schwanzfedern verhindert.

VON HAMBURG BIS NÜRNBERG UNTER DER ERDE

Der Nationalpark Mammoth Cave in Kentucky (USA) birgt das größte natürliche Höhlennetz der Erde: Es ist 590 Kilometer lang. Das entspricht etwa der Entfernung von Hamburg nach Nürnberg. Mehr als 130 Tierarten leben (zeitweise oder dauernd) in den Grotten, darunter auch augenlose Fische!

DIE NATUR SCHUF DIE LÄNGSTE BRÜCKE DER WELT

Mit seinen 93 Metern Spannweite ist der Landscape Arch im Devils Garden in Utah (USA) der längste natürliche Bogen der Welt. Vor 150 Millionen Jahren wurden hier Sandsteinschichten abgelagert, die unter lateraler Kompression ein Gebirge bildeten, das anschließend von Regen, Wind und Frost wieder erodiert wurde, bis sich zunächst ein Loch bildete und schließlich nur dieser Bogen übrig blieb.

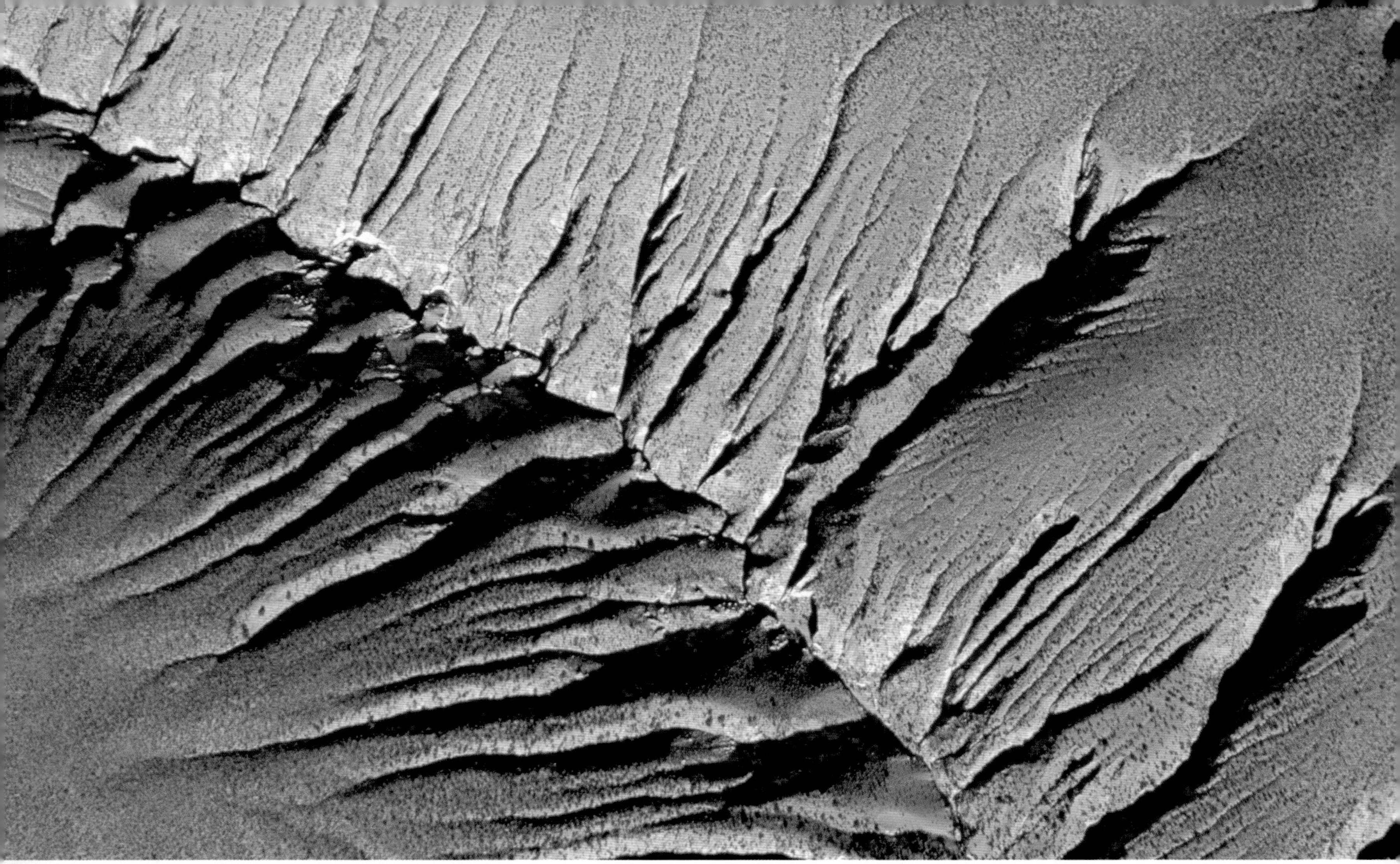

DIE LÄNGSTE GEBIRGSKETTE

Die Anden oder Kordilleren Südamerikas sind von Chile bis Venezuela mehr als 8000 Kilometer lang und bis zu 500 Kilometer breit. Sie entstanden durch die Kollision der Pazifischen mit der Südamerikanischen Kontinentalplatte und erreichen mit dem Aconcagua eine Höhe von 6959 Metern.

FAST SO LANG WIE DER PONT D'AVIGNON

Bei der Untersuchung von Satellitenbildern im Internet entdeckte ein Kartograf im Wood-Buffalo-Nationalpark in Kanada den wahrscheinlich längsten Biberdamm der Welt: Er misst 850 Meter! Biber bauen diese Dämme aus Holzstämmen und Ästen, um den Wasserspiegel anzuheben und damit sicherzustellen, dass der Eingang zu ihrem Bau, der Biberburg, immer unter Wasser liegt. Nur so fühlen sie sich sicher.

EIN BLITZ DURCHZUCKT DEN HIMMEL ÜBER 190 KILOMETER

Manche Blitze, die horizontal vor einer Gewitterfront verlaufen, übertreffen ihre durchschnittliche Länge von zehn Kilometern bei Weitem. Mit Radarmessungen konnte ein Blitz von 190 Kilometern Länge über Texas ausgemacht werden (das entspricht fast der Entfernung von Frankfurt nach Kassel). Eine blitzschnelle Erscheinung: Sie dauerte nur eine Viertelsekunde.

HIER ERREICHT DER TIDENHUB REKORDWERTE

In der Bay of Fundy, einer Meeresbucht an der kanadischen Atlantikküste, wurde der weltgrößte Unterschied zwischen Ebbe und Flut gemessen: Am 4. und 5. Oktober 1869 waren es 21,60 Meter. Dies wird auf die besondere Form der Bucht zurückgeführt, die nicht sehr tief, aber 270 Kilometer lang ist. In der Bucht von Mont Saint-Michel beträgt der Tidenhub nur selten mehr als 13 Meter.

DIESES SAMENKORN WIRD 20 METER WEIT KATAPULTIERT

Arceuthobium pusillum, ein nordamerikanischer Nadelbaumparasit aus der Familie der Sandelholzgewächse *(Santalaceae)*, sorgt selbst für die Verbreitung seiner Samen. Sie lagern während des Wachstums in einer Gelatinematrix. Die Zellen sammeln Wasser an und werden immer größer und praller. Nach einem Jahr ist der Druck so groß, dass die Samenkapseln explodieren und die Samenkörner mit hundert Kilometern pro Stunde bis zu 20 Meter weit geschleudert werden!

DIE GRÖSSTE KOLONIE LEBENDER WESEN IST 2600 KILOMETER LANG

Das noch aus dem Weltraum sichtbare Great Barrier Reef, eine Reihe aneinandergrenzender Korallenriffe vor der australischen Ostküste, nimmt eine Fläche von 350 000 Quadratkilometern ein, das entspricht knapp der Größe Deutschlands! Mit seinen 400 Korallenarten, die 1500 Fischarten und 5000 Molluskenarten beherbergen, ist es eine der artenreichsten Regionen der Welt.

IN DER HÖHLE DER RIESENKRISTALLE

Die Naica-Mine in Mexiko birgt einen einmaligen geologischen Schatz – riesige Gipskristalle. Die größten sind 14 Meter lang. Ihre Entstehung erklärt sich durch die Verdunstung von mineralreichem Wasser in einer Umgebung mit extremen klimatischen Bedingungen: Die Luftfeuchtigkeit in der Grotte kann hundert Prozent erreichen, während die Temperatur bei über 50° C liegt!

DER BLITZ SCHAFFT RIESIGE RÖHREN

Wenn eine Sandfläche vom Blitz getroffen wird, kann Fulgurit entstehen, eine Röhre aus natürlichem Quarzglas, das allerdings so verunreinigt ist, dass man nicht durchsehen kann. Mit einer Länge von 18,30 Metern ist der Fulgurit, der 1936 von einem Geologen in einer Düne in South Carolina (USA) gefunden wurde, der größte seiner Art.

DAS ENDE DIESES FJORDS IST NICHT ABZUSEHEN

Ein Fjord ist ein sehr steilwandiges Gletschertal, das mit Meerwasser gefüllt ist. Der längste Fjord der Welt, der Scoresbysund, liegt nicht in Norwegen, sondern in Ostgrönland. Er ist 350 Kilometer lang, das entspricht der Luftlinie von Köln nach Hamburg, und wurde nach dem britischen Walfänger William Scoresby benannt, der ihn 1822 als Erster befuhr.

VOLUMEN

EINE RIESIGE KRISTALLDRUSE

GEODEN ODER KRISTALLDRUSEN sind Höhlungen im Gestein, die mit Kristallen ausgekleidet sind. Die Geode mit dem größten Rauminhalt wurde in einer alten Silbermine in der spanischen Provinz Almeria entdeckt. Mit ihren acht Metern Länge, zwei Metern Breite und zwei Metern Höhe bietet sie im Innern genügend Platz für zehn (sitzende) Menschen!

1106 Meter hoch, 47,95 Quadratkilometer groß und sieben Kilometer lang: mit diesen Ausmaßen ist der Mount Augustus in Australien der mächtigste Monolith der Welt. Als monoklinal werden geologische Strukturen bezeichnet, deren Schichten über weite Strecken gleichförmig geneigt sind. Die aus Sandstein und Konglomeraten bestehende Formation entstand vor einer Milliarde Jahren.

160 KILOMETER WEIT ZU SEHEN

FAST EIN FÜNFTEL DES SÜSSWASSERZUFLUSSES DER OZEANE

An seiner Mündung in Brasilien führt der Amazonas, der größte Fluss Südamerikas, die Rekordmenge von 209 000 Kubikmeter Wasser pro Sekunde. Diese enorme Wassermenge ist das Ergebnis des riesigen Einzugsgebiets und seiner Lage in einer der regenreichsten Gegenden der Welt. Das Wasservolumen, das der Amazonas in den Atlantik einbringt, entspricht 15 bis 20 Prozent der Gesamtzuflussmenge im Ozean.

HIER IST RAUM FÜR 40 000 OLYMPISCHE SCHWIMMBECKEN

EINE DOLINE ist ein Karsteinbruch, der durch den Einsturz der Decke einer unterirdischen Höhle entsteht (unser Bild zeigt ein Beispiel in Papua-Neuguinea). Die Doline mit dem größten Rauminhalt befindet sich in Xiaozhai Tiankeng in Südchina: Sie fasst 119,35 Millionen Kubikmeter und reicht 662 Meter in die Tiefe. Entdeckt wurde sie erst 2004.

FÜNF MILLIARDEN STREICHHÖLZER

AUS EINEM EINZIGEN BAUM

Der Mammutbaum »General Sherman« im kalifornischen Sequoia-Nationalpark hält mit seiner Höhe von 84,80 Metern und einer Spannweite von 25,10 Metern den Rekord als voluminösester Baum mit 1486 Kubikmetern Holz. Aus ihm könnte man 40 Fünfzimmerhäuser bauen oder fünf Milliarden Streichhölzer gewinnen!

TEMPERATUR

AM HEISSESTEN IST ES IN DER WÜSTE

DER HITZEWELTREKORD wird seit September 1922 von dem kleinen libyschen Dorf Al-Aziziyah im Herzen der Sahara gehalten und beträgt 58°C. Der deutsche Rekord wurde 2003 im saarländischen Perl-Nennig erreicht und beträgt 40,8°C. Die höchste mittlere Jahrestemperatur (34,6°C) wurde in den 1960er Jahren in Äthiopien gemessen.

ER ÜBERLEBT ZWISCHEN –273° C UND +150° C

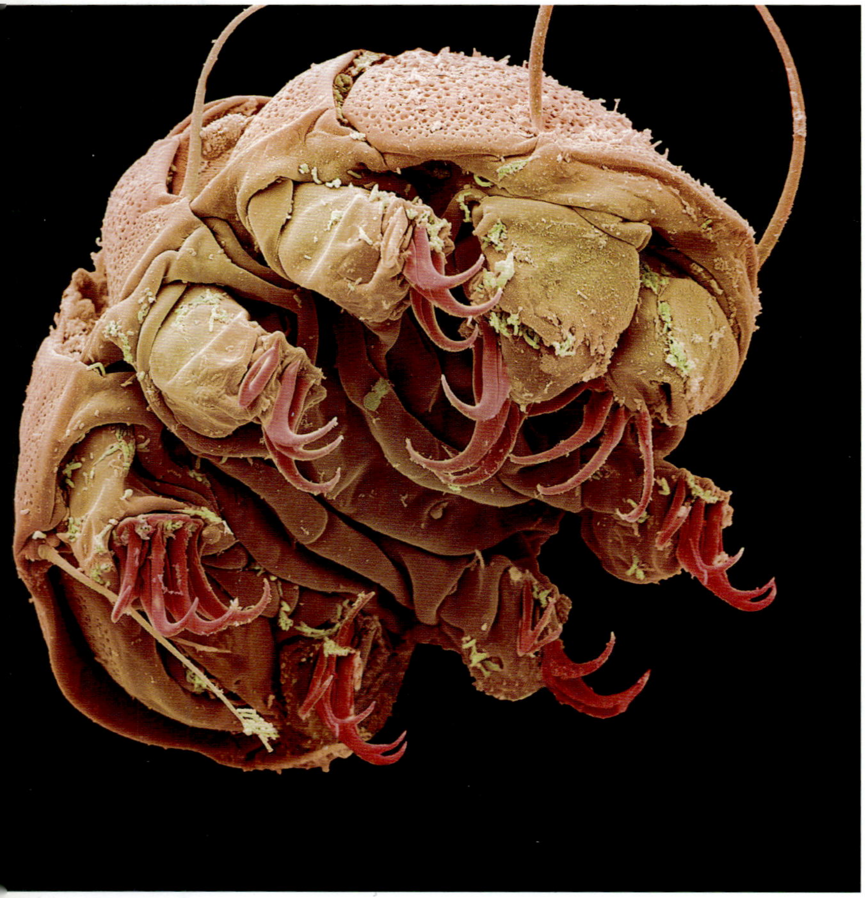

Das winzige Bärtierchen *(Tardigrade)* ist bestenfalls 1,5 Millimeter lang und widersteht den extremsten Umweltbedingungen. So kann es mehrere Minuten bei +150° C, 20 Stunden bei –272,9° C und 25 Monate bei –190° C aushalten. Diese Temperaturen schaden ihm nicht, weil es seinen Stoffwechsel bei Bedarf stilllegt und damit in einen todesnahen Zustand eintritt – bis sich die Bedingungen wieder bessern.

DIE GRÖSSTEN TEMPERATURSCHWANKUNGEN INNERHALB VON 24 STUNDEN

Am 23. Januar 1916 ließen in Browning (Montana, USA) hereinbrechende arktische Kaltluftmassen die Temperatur von 6,7° C auf –48,9° C fallen; das ist eine Rekorddifferenz von 55,6° C in weniger als 24 Stunden! Dieser außergewöhnliche Temperatursturz ist dadurch zu erklären, dass hier ozeanische Einflüsse fehlen und zu diesem Zeitpunkt keine Wolkendecke über der Landschaft lag. Diese beiden regulierenden Faktoren bewirken, dass tagsüber Wärme gespeichert werden kann, die nachts wieder abgegeben wird.

DIESES WASSER IST MEHR ALS KOCHEND HEISS

Zwischen 250° und 400° C Wassertemperatur herrschen an der Mündung der unterseeischen Schlote, die als »Schwarze Raucher« bekannt sind. Sie entstehen, wenn Meerwasser in rezente ozeanische Kruste einsickert und sich durch Kontakt mit Magma erhitzt. Durch den großen Druck in der Tiefe verdampft das Wasser nicht, sondern bleibt auch bei extremen Temperaturen flüssig.

EIN MEER, WÄRMER ALS EIN SCHWIMMBAD

Von allen Meeren der Welt ist das Rote Meer im Nahen Osten das wärmste. An der Oberfläche schwankt die Temperatur das ganze Jahr über zwischen 21° und 25° C. Im Sommer kann sie sogar bis auf 31° C steigen! Ein besonders mildes Klima, das von trockenheißen Wüstenwinden aus der Sahara und Vulkanismus auf dem Meeresboden unterstützt wird, ist dafür verantwortlich.

DIE »KÄLTESTE« LAVA

Im Norden Tansanias gelegen ist Ol Doinyo Lengai, der einzige bekannte Vulkan weltweit, der Lava von »niedriger« Temperatur ausstößt. Sie besteht hauptsächlich aus Natriumkarbonat und erreicht eine Hitze zwischen 500° und 600°C. Im Vergleich klettern die Temperaturen normaler Silikatlaven auf bis zu 1200°C. Die Lava von Ol Doinyo Lengai ist beim Austritt schwarz wie Motoröl und nimmt rasch Schokoladenfarbe an.

DIE EISIGE WÜSTE

Die Gobi, die größte Wüste Asiens, ist zugleich die kälteste der Welt. Sie erstreckt sich mit einem durchschnittlichen Wert von 900 Höhenmetern über chinesisches und mongolisches Gebiet und erlebt je nach Jahreszeit starke Temperaturschwankungen. Von 40 ° C im Sommer kann das Quecksilber an manchen Orten im Winter bis auf –47 ° C fallen!

DAS THERMOMETER FIEL AUF –89,2 °C

Auf der russischen Station Vostok im Herzen der Antarktis wurde am 21. Juli 1983 die niedrigste jemals registrierte Temperatur an einem windgeschützten Ort gemessen. Wahrscheinlich wird auf dem vereisten Kontinent auch die symbolträchtige Temperatur von –100 ° C noch unterschritten. In Deutschland wurde im Jahr 2006 der Kälterekord am Funtensee im Nationalpark Berchtesgaden mit –34,8 ° C ermittelt.

HITZSCHLAG AM HIMMEL

Wenn er mit 300 000 Sekundenkilometern über den Himmel zuckt, kann ein Blitz bis zu 30 000 °C heiß werden. Das ist fünf Mal heißer als die Oberfläche der Sonne! Diese Hitze resultiert aus dem ungemilderten Kontakt zwischen den Luftmolekülen und der elektrischen Ladung in den Wolken.

LI
CHT

LICHT

DIE LÄNGSTE SONNENFINSTERNIS

AM 16. JULI 2186 wird der Mond den Raum zwischen Sonne und Erde passieren und 7 Minuten und 29 Sekunden das Sonnenlicht verdunkeln, drei Mal länger als bei der Sonnenfinsternis von 1999. Das ist eine Rekorddauer, wenn man bedenkt, dass eine Finsternis wegen der Eigenbewegung des Mondes höchstens 7 Minuten 40 Sekunden dauern kann.

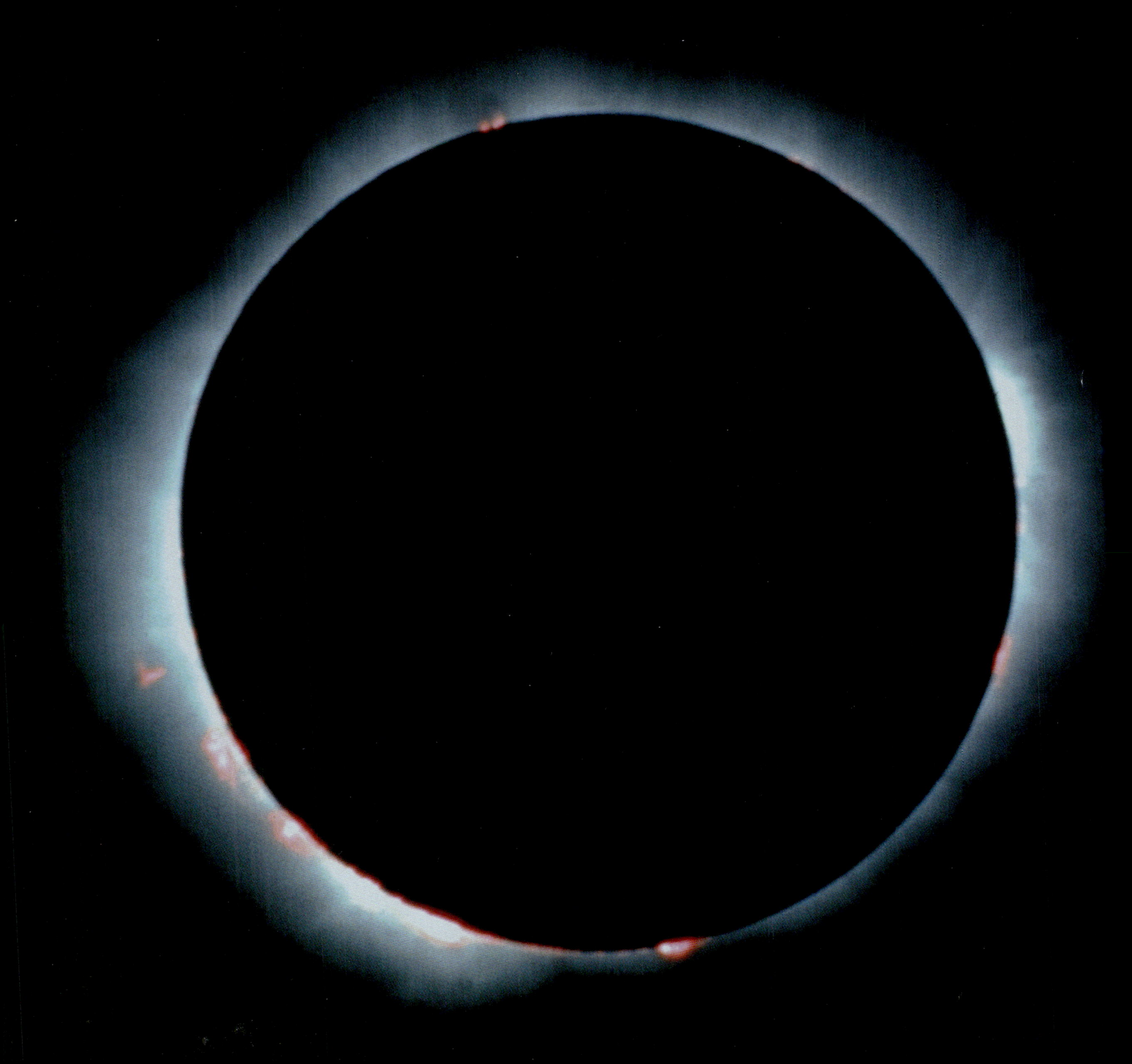

JEDEN TAG 23 STUNDEN LANG DUNKELHEIT

Nicht mehr als 478 Stunden Sonnenschein pro Jahr – das mögliche Maximum liegt bei 4440 Stunden! Auf den South Orkney Islands, einem unbewohnten Archipel vor der Antarktischen Halbinsel, muss man das Halbdunkel mögen. Auf 60° südlicher Breite fallen hier die schweren Stürme der »Heulenden Sechziger« mit den langen Polarnächten zusammen.

DER SONNIGSTE ORT DER WELT

Zwischen 1951 und 1978 genoss der Ort Yuma in Arizona 4040 Sonnenstunden pro Jahr, das entspricht 11 Stunden täglich! Die Ortschaft liegt am Rand einer ariden Wüste, darum fehlt eine Wolkendecke und die Sonne kann ungehindert scheinen. Einige Regionen der Zentralsahara haben eine fast genauso hohe Sonnenscheindauer.

DAS FEURIGSTE INTERKONTINENTALE SPEKTAKEL

DAS NORDLICHT auf der Nordhalbkugel, *Aurora borealis* genannt, traf am Ende des Jahres 1859 auf das Südlicht, die *Aurora australis*, so dass diese Erscheinung fast weltweit zu sehen war. Dieses Ereignis war auf einen extremen Sonnenwind zurückzuführen. Die Aurora, das einzige interkontinentale Naturschauspiel, wird durch das Zusammenprallen des Sonnenwindes mit den Atomen in der hohen Atmosphäre hervorgerufen.

DAS LEUCHTENDSTE INSEKT

Der Cucujo aus den südamerikanischen Tropen ist nur vier Zentimeter lang und strahlt das stärkste Licht (45 Millilambert) aller Insekten aus, und zwar über zwei Leuchtorgane auf dem Halsschild (grünes Licht) und eines auf der Bauchseite (orangenes Licht). 40 dieser Insekten geben zusammen so viel Licht wie eine Kerzenflamme. Entsprechend setzen die Indios die Käfer als Beleuchtung in ihre Hütten!

24 SONNENHALOS ÜBER DEM SÜDPOL AN EINEM TAG

Diese leuchtenden Ringe um die Sonne, die einem Heiligenschein ähneln, wurden am 11. Januar 1999 an der Antarktis beobachtet. Dieses Naturschauspiel entsteht, wenn das Sonnenlicht an schwebenden Eiskristallen gebrochen wird, wie sie in Zirruswolken, Schnee oder Nebel vorkommen. Halos, die hauptsächlich in kalten Gebieten und besonders in den Polarregionen zu sehen sind, entstehen gelegentlich auch um den Mond.

EINE BUCHT IM SCHEIN VON TAUSEND FEUERN

Die landschaftlich reizvolle Mosquito Bay gehört zur Insel Vieques vor Puerto Rico. Wenn ihr Wasser durch starken Wind oder durch einen Schwimmer aufgewühlt wird, beginnt es zu leuchten. Diese Erscheinung wird durch einzellige Organismen, Geißeltierchen, hervorgerufen: Wenn sie eine Bewegung spüren, fangen sie zu leuchten an, damit eventuelle Raubtiere eine besser geeignete Beute finden können.

GESCHWINDIGKEIT

LAVA MIT DER GESCHWINDIGKEIT EINES GEPARDEN

EINHUNDERT STUNDENKILOMETER! Diese Rekordgeschwindigkeit erreichte die Lava, die am 10. Januar 1977 aus dem Krater des kongolesischen Nyiragongo-Vulkans strömte. An diesem Tag riss eine Eruption die Flanke des Vulkans auf und leerte den Krater in weniger als einer Stunde. Im Krater befindet sich ein Lavasee aus 20 Millionen Kubikmetern schmelzflüssigem Gestein mit einer Temperatur von 1100° C. Immer wieder entleert sich der Vulkan und zerstört seine Umgebung.

DER SCHNELLSTE GLETSCHER GRÖNLANDS TREIBT JEDEN TAG 42,50 METER

Der Jakobshavn-Gletscher an der grönländischen Westküste stößt jedes Jahr Eisberge mit einem Gesamtgewicht von 35 Milliarden Tonnen ab und schiebt sich dabei jeden Tag 42,50 Meter vorwärts, das macht 15,5 Kilometer pro Jahr! Dieser Gletscher alleine ist für vier Prozent (circa 0,06 Millimeter) des jüngsten globalen Meeresspiegelanstiegs verantwortlich.

EIN SCHWINDELERREGENDER **STRUDEL**

In einem Fjord nahe der Stadt Bodø in Nordnorwegen kann man den stärksten Gezeitenstrom der Welt beobachten. Der »Saltstraum« entsteht alle sechs Stunden im Rhythmus der Tiden, die hier fast 400 Millionen Kubikmeter Wasser mit 40 Stundenkilometern durch den engen Meeresarm pressen. Dieses Phänomen verursacht große Strudel von zehn Metern Durchmesser und bis zu fünf Metern Tiefe.

STÄRKER ALS **ORKANE**

Auf dem Mount Washington (New Hampshire, USA) toben an 104 Tagen im Jahr Stürme von Orkanstärke (mehr als 120 Stundenkilometer). Am Nachmittag des 12. April 1934 wurde hier der Weltrekord mit 372 Stundenkilometern registriert. Ohne jeden Zweifel gab es in Tornados oder extremen tropischen Stürmen bereits höhere Windgeschwindigkeiten. Allerdings gibt es dafür keinen Beweis, weil die Messinstrumente ihnen gewöhnlich nicht standhalten.

SIE BLÜHEN NUR EINEN
AUGENBLICK LANG AUF

Die Blüten des Kanadischen Hartriegels *Cornus canadensis* öffnen ihre Blütenblätter und leeren ihre Staubbeutel in nur 0,5 Millisekunden und schleudern die Pollen gen Himmel. Ein Rekord! Der Zweck der Katapultbewegung ist, dass der Pollen sich leichter an bestäubende Insekten anhaften und/oder vom Wind verteilt werden kann.

SIE SCHLUCKT IHRE MAHLZEIT

Eine wurzellose Pflanze, der Gewöhnliche Wasserschlauch, die zwischen zwei Wasserschichten treibt, besitzt den schnellsten Beutegreifapparat aller fleischfressenden Pflanzen: Sie trägt zahlreiche winzige Säcke, die als wasserdichte Fallen dienen. Wenn ein kleines Krebstierchen eines der Sinneshaare an der Mündung berührt, öffnet diese sich und saugt das Opfer innerhalb einer Sechzigstelsekunde ein.

DAS GEMÜTLICHSTE

Mit einer Geschwindigkeit von höchstens drei Metern pro Minute bewegt sich das Dreizehenfaultier am Boden und ist damit das langsamste Säugetier, das an Land lebt. Diese Eigenart macht es zu einer leichten Beute für Raubtiere. Darum hängt es bevorzugt an Zweigen und steigt nur drei Mal im Monat vom Baum herab, um seine Bedürfnisse zu verrichten.

IM WASSER IST ER

Die auffällige Rückenflosse gibt dem Indopazifischen Fächerfisch *Istiophorus platypterus* seinen Namen. Er kann bis zu 110 Stundenkilometer schnell schwimmen. Diese Geschwindigkeit erreicht der tropische Fisch auf kurzen Strecken, indem er seine Rückenflosse zusammenfaltet und so den Wasserwiderstand verringert. Ausgewachsen erreicht dieser Konkurrent des etwas langsameren Schwertfischs eine Länge von bis zu 3,60 Metern und ein Gewicht von 100 Kilogramm.

DIESE INSEL LEGT JÄHRLICH

Die Tonga-Inseln im Südpazifik verschieben sich durch die rasche Bewegung der Pazifischen Platte, der sie aufsitzen, ständig nach Osten. Sie bilden damit das mobilste Stück Land der Erde. Bei dieser Geschwindigkeit dauert es zehn Millionen Jahre, um einen Ozean von 2400 Kilometern Breite zu schließen.

DIE AM LANGSAMSTEN MUTIERENDE DNA

Von allen Tierarten, deren Evolution auf molekularer Ebene untersucht worden ist, besitzt der Tuatara eine DNA, die sich am langsamsten verändert. Wissenschaftler entnahmen 8000 Jahre alten Knochen Proben und haben festgestellt, dass er sich mit der geringen Rate von 1,56 Nukleotidsubstitutionen in der DNA pro Jahrmillion weiterentwickelt. Dieses in Neuseeland verbreitete Reptil wird als »lebendes Fossil« bezeichnet, denn bereits zur Zeit der Dinosaurier gab es die Tuataras. Sie haben sich seitdem äußerlich nur sehr wenig verändert.

WENIGER ALS EINE VIERTELSEKUNDE, UM DIE BEUTE ZU VERSCHLINGEN

Der Sternmull ist das Säugetier, das am schnellsten frisst. Mit seinen 22 Tentakel, aus denen seine Nase besteht, entdeckt, identifiziert und verschlingt er seine Beute in durchschnittlich 230 Millisekunden. Die schnellsten Exemplare brauchen sogar nur 120 Millisekunden! Zum Vergleich: Ein Zugschaffner benötigt im Gefahrenfall 640 Millisekunden, um zu reagieren und die Notbremse zu ziehen.

EINE RASENDE SCHLANGE – AUFGERICHTET

Die Schwarze Mamba ist nicht nur die längste, sondern auch die schnellste afrikanische Giftschlange. Dieses geschickte Raubtier verfolgt seine Beute aufgerichtet mit 20 Stundenkilometern, mitunter erreicht die Schlange sogar 30 Stundenkilometer Spitzengeschwindigkeit!

EINE LAHME LAWINE

Die mächtigsten Lawinen können bis zu 400 Stundenkilometer schnell werden! Einige sind aber auch sehr langsam. Die langsamste, die je beobachtet wurde, ging am Abend des 12. April 1969 in Alyeska (Alaska) ab und bewegte sich mit lediglich 3,2 Stundenkilometern vorwärts. Diese Lawine war drei Stockwerke hoch und zerstörte auf ihrem Weg einen Skilift!

HÄUFIGKEIT

WO DER BODEN AM HEFTIGSTEN BEBT

MIT MEHR ALS eintausend größeren Erdbeben seit 1973 ist Japan diejenige Region der Erde, wo der Untergrund am meisten und am heftigsten zittert. Japan gehört zum »Feuerring«, einer seismisch aktiven Zone, die den Pazifik umgibt und 90 Prozent aller Erdbeben und Vulkanausbrüche weltweit auf sich vereinigt.

SEIN HERZ SCHLÄGT 1260-MAL PRO MINUTE

Das Herz des Kolibris schlägt wie verrückt. Bei einem Ruhepuls von 250 schlägt das Herz dieses Vogels immer noch 3,7-mal schneller als ein menschliches Herz! Seinen hohen Energieverbrauch gleicht der Kolibri durch eine stark zuckerhaltige Ernährung auf der Grundlage von Nektar aus.

ER HÄMMERT 16-MAL PRO SEKUNDE

Der Buntspecht ist in Europa weit verbreitet. Er markiert sein Revier mit einem Trommelwirbel. Männchen und Weibchen produzieren gleichermaßen Serien hämmernder Schnabelhiebe mit einer Frequenz von 16 Schlägen pro Sekunde – bis zu 600-mal am Tag. Mehrere anatomische Eigentümlichkeiten des Schädels sorgen dafür, dass das Gehirn des Spechts bei diesen wiederholten starken Erschütterungen keinen Schaden nimmt.

IHRE FLÜGEL SCHLAGEN IN EINEM UNERREICHTEN RHYTHMUS

Die Stechmücke *Forcipomyia* bewegt ihre Flügel in einem Rhythmus von 1000 Schlägen pro Sekunde! Dieses mit den Fliegen verwandte winzige blutsaugende Insekt erreicht sogar doppelt so hohe Frequenzen, wenn seine Flügel im Laborversuch beschnitten werden. Zum Vergleich: Tauben schlagen nur 3,6-mal pro Sekunde mit den Flügeln.

DER PÜNKTLICHSTE GEYSIR

Der Strokkur-Geysir liegt in einer vulkanischen Zone des isländischen Berglands. Alle fünf bis zehn Minuten ist er aktiv. Die ausgestoßene Fontäne heißen Wassers erreicht dabei eine Höhe von etwa 20 Metern, bevor sie in Wasserdampf zerstiebt. Der Geysir versiegte im Jahr 2000 vorübergehend, nahm aber seine Tätigkeit nach einem Erdbeben wieder auf.

AI
ZAHI
ANZA

TOTEMPFÄHLE,

SO WEIT DAS AUGE REICHT

ZEHNTAUSENDE STEINERNE SÄULEN, so genannte Hoodoos, ragen im riesigen Amphitheater des Bryce Canyon im Süden Utahs auf. Diese enormen Totempfähle, die bis zu 45 Meter hoch werden können, sind in 40 Millionen Jahren durch die Regen-, Frost- und Winderosion der Kalksandsteinfelsen entstanden.

DER GRÖSSTE BLUMENSTRAUSS

Eine 1894 in der Ortschaft Sierra Madre (Kalifornien) gepflanzte Glyzinie bringt jedes Jahr 1,5 Millionen malvenfarbene Blüten hervor. Die Zweige dieser Pflanze, die sich über 4000 Quadratmeter ausbreitet, sind bis zu 150 Meter lang. Leider zeigt die Glyzinie seit einigen Jahren Zeichen von Schwäche und wird genau beobachtet.

ER ENTHÄLT **DIE MEISTEN CHROMOSOMEN**

Von allen lebenden Organismen hat der Farn *Ophioglossum reticulatum*, eine südasiatische Natternzungenart, die höchste Chromosomenzahl. In 630 Paaren angeordnet sind also insgesamt 1260 in jeder Zelle. In denen des Menschen sind es nur… 46.

EIN MINERALREICHER SEE

Der 15,2 Hektar große Salzsee »Spotted Lake« in der kanadischen Provinz British Columbia enthält die höchste Mineralienkonzentration der Welt: Magnesiumsulfat, Kalzium, Natriumsulfat sowie acht andere Mineralien und Spuren von vier weiteren, darunter Silber und Titan. Die Angehörigen des Okanagan-Stammes badeten in diesem für heilig gehaltenen See, um ihren Rheumatismus zu lindern.

DIE GRÖSSTE TREPPE

Die 60 Millionen Jahre alte geologische Formation des »Giants' Causeway« (Damm des Riesen) ist Zeuge ehemaliger vulkanischer Aktivität an der nordirischen Küste nahe Bushmills. Sie besteht aus mehr als 40 000 dicht an dicht stehenden sechseckigen Basaltsäulen, deren Höhe von unter einem Meter bis zu zwölf Metern reicht.

EINE ÄUSSERST RAUE ZUNGE

DAS TIER, in dessen Mund sich die meisten Zähne befinden, ist die Weinbergschnecke. Wie bei allen Mollusken – mit Ausnahme der Bivalvia (Muscheln) – ist ihre Zunge als so genannte *Radula* ausgebildet, das heißt, sie ist mit bis zu 27 000 winzigen spitzen Zähnchen besetzt, mit denen sie ihre Nahrung abschabt und zerkleinert.

MEHR ALS TAUSEND FROSTSCHICHTEN

Ein Pingo ist ein Hügel aus Eis, der mit einer Erdschicht bedeckt ist und ständig wächst. In dem Maße, wie Wasser in den Boden sickert und dort gefriert, wächst der Pingo und kann so bis zu 50 Meter hoch werden. Die meisten von ihnen, fast 1400, findet man im hohen Norden Kanadas bei Tuktoyaktuk. Die zahlreichen Seen in dieser Gegend könnten diese Häufung erklären.

DIE MEISTEN BEINE

Der 1926 in einem 0,8 Quadratkilometer großen Waldstück bei San Benito in Kalifornien entdeckte Tausendfüßler *Illacme plenipes* hatte 375 Beinpaare! Er galt als ausgestorben, bis ihn ein Forscher 2005 wiederentdeckte und am gleichen Ort ein Dutzend Exemplare sammelte. Ein 3,3 Zentimeter langes Weibchen bewegte sich mit 666 Beinen voran.

DIE ROTE INVASION

Jedes Jahr verlassen in der Regenzeit 60 Millionen Rote Krabben die Wälder der australischen Weihnachtsinsel und marschieren zum Strand, um sich dort fortzupflanzen. Damit während dieser Invasion nicht allzu viele Krabben von Autos überfahren werden, sind manche Straßen für einige Tage gesperrt. So wie bei uns Krötenunterführungen werden hier Krabbentunnel angelegt!

EINE WOLKE AUS FLEDERMÄUSEN

Jedes Jahr im März oder April trifft die größte Wirbeltierkolonie der Welt (20 Millionen Individuen!) in Texas ein, um dort den Sommer in der »Bracken Cave« zu verbringen. Bei der Ankunft werfen die Weibchen der *Tadarida brasiliensis*, einer Fledermausart, jeweils ein Junges. Jeden Abend fliegen die Fledermäuse zur Jagd aus – manchmal dauert es bis zu drei Stunden, bis alle die Höhle verlassen haben.

EINE MASSENWANDERUNG

In jedem Oktober ziehen zwei Millionen Weidetiere (Gnus, Zebras, Gazellen) auf der Suche nach Regen die weite Strecke von den kenianischen Hochplateaus bis in die Ebenen Tansanias – eine Entfernung von 800 Kilometern. Im April wandern sie nach Kenia zurück. Unterwegs sterben mehr als 200 000 von ihnen, weil sie verletzt oder erschöpft leichte Beute für Raubtiere sind.

WANDERNDE STEINE

Auf manchen ausgetrockneten Seen finden sich Steine, die anscheinend wandern. Auf der »Racetrack Playa« im Tal des Todes (Kalifornien) gibt es mit 150 die meisten von ihnen an einem Ort. Der schwerste wiegt über 300 Kilogramm. Niemand hat je gesehen, wie sie sich bewegen – einziger Beweis dafür ist die Spur, die jeder dieser Steine hinter sich lässt. Die Ursache der Verschiebung sind wohl Glatteis oder eine dünne Schicht Regenwasser, die im Winter den Boden gleitfähig machen, während der orkanartige Wind als Antrieb wirkt.

350 MILLIONEN BÄUME AM BODEN

Die Stürme, die am 26. und 27. Dezember 1999 über Europa tobten, rissen mehr als 350 Millionen Bäume um. Dieser traurige Rekord übertrifft selbst die Verluste durch den Hurrikan Katrina. Dieser Orkan, der 2005 insbesondere Louisiana verwüstete, fällte 320 Millionen Bäume.

MILLIARDEN ÜBER MILLIARDEN SPOREN

Der Riesenbovist, dessen größtes je gefundenes Exemplar 22 Kilogramm wog, kann bis zu sieben Trillionen Sporen enthalten! Diese sind jeweils nur vier bis fünf Mikron groß. Wenn der Fruchtkörper des Pilzes ausgewachsen ist, platzt er auf und stößt die Sporen als kompakte braune Staubwolke aus, die vom Wind verweht wird.

DI
CHTE

DICHTE

DIESE WÄLDER BEHERBERGEN 90 PROZENT ALLER ARTEN

DIE TROPISCHEN REGENWÄLDER bedecken nur sieben Prozent des Festlands, haben aber dank eines feuchtheißen Klimas ohne jahreszeitliche Schwankungen bei Weitem die größte Artenvielfalt. Ein Hektar Amazonasregenwald weist daher genauso viele Baumarten auf wie ganz Europa.

DIE HÖCHSTE SALZKONZENTRATION

Das Wasser des Don-Juan-Sees im antarktischen »Wright Valley« ist mit Salzen übersättigt: 3,72 Mol pro Kilogramm Kalziumchlorid und 0,50 Mol pro Kilogramm Natriumchlorid – das ist 18 -mal salziger als Meerwasser und immer noch doppelt so salzig wie das Tote Meer. Durch diesen hohen Salzgehalt bleibt das Wasser des Beckens auch bei –50° C noch flüssig!

HIER ATMET MAN DIE SAUBERSTE LUFT

»Cape Grim« im Nordwesten Tasmaniens rühmt sich der reinsten Luft der Welt: Sie enthält nur zehn bis 600 Schmutzpartikel pro Kubikzentimeter. Die Lage der Insel, sie ist weniger als 3000 Kilometer von der Antarktis entfernt, begünstigt die geringe Luftverschmutzung. Hinzu kommen die geringe Industrialisierung und die Tatsache, dass sie im Bereich der »Brüllenden Vierziger« liegt, eines Windgürtels, der keiner atmosphärischen Verschmutzung unterliegt.

Die beide im Jahr 1803 entdeckten Elemente Osmium und Iridium teilen sich einen Titel: den des dichtesten natürlich vorkommenden Elements. Beide haben eine Dichte von etwa 22,6 g/cm^3 und wurden im Laufe zweier Jahrhunderte abwechselnd zu Rekordhaltern erklärt. Heute äußert sich die Wissenschaft dazu vorsichtiger.

EIN REKORD FÜR ZWEI GEWINNER

EIN REGEN AUS STERNEN

Jedes Jahr im November erscheinen die Leoniden. Dieser Meteoritenschwarm geht auf den Kometen Tempel-Tuttle zurück. Sie treten alle 33 Jahre verstärkt als »Sternschnuppen-Regen« auf, wenn der Komet der Erde am nächsten ist. Das war zum Beispiel 1966 der Fall, als in den USA zeitweise über 100 000 Leoniden pro Stunde registriert wurden!

DAS DICHTESTE FEDERKLEID

Um ihm das Überleben im eisigen Klima der Antarktis zu ermöglichen und eine gute Wärmeisolierung zu gewährleisten, hat die Natur den Kaiserpinguin mit einem außergewöhnlich dichten Gefieder ausgestattet: elf Federn pro Quadratzentimeter sind drei bis vier Mal mehr als bei den meisten anderen Vögeln! Dieses etwa zwölf Millimeter dicke Federkleid besteht aus vier Schichten, deren Federn zwischen zwei und acht Zentimeter lang sind.

EIN TAUCHERANZUG AUS PELZ!

Mit seinen 140 000 bis 170 000 Haaren pro Quadratzentimeter ist der Seeotter das am dichtesten behaarte Säugetier. Diese hohe Dichte macht seinen Pelz praktisch wasserabweisend und reduziert so den direkten Hautkontakt mit Wasser. Die Isolierung ermöglicht es dem Otter, eine ausreichend hohe Körpertemperatur für das Überleben im kalten Nordpazifik aufrechtzuerhalten.

DAS HÄRTESTE HOLZ

Manche Hölzer sind nicht schwimmfähig und werden »Eisenholz« genannt. Das gilt auch für Gaiac-Holz, eine braune Holzsorte mit der größten bekannten Dichte (1,37 g/cm^3), das in den tropischen Regionen Mittel- und Südamerikas vorkommt. Vor dem Einsatz von Stahl und hochwertigen Kunststoffen wurden unter anderem Seilzugrollen und Schiffsschraubenwellen aus Gaiac gefertigt.

SINNE

DIE BESTE SEHKRAFT

DER STEINADLER *(Aquila chrysaetos)* hat so hoch entwickelte Augen, dass er im Flug aus 1,5 Kilometern Höhe eine Maus erspähen kann. Diese Sehschärfe, 2,5-mal besser als die des Menschen, ergibt sich einerseits aus Stellung, Größe und Form der Augen und andererseits aus dem Aufbau der Netzhaut, die eine Million Sehzäpfchen pro Quadratmillimeter (gegenüber 200 000 beim Menschen) aufweist.

SEINE STIMME TRÄGT AM WEITESTEN

Der von der Natur mit einem hoch entwickelten Kehlkopf ausgestattete Brüllaffe kann Schreie ausstoßen, die noch in 16 Kilometer Entfernung zu hören sind. Sein ohrenbetäubendes Gebrüll stößt dieser tropische Neuweltaffe hauptsächlich morgens und bei Konfrontationen aus, um seine Artgenossen zu beeindrucken.

SIE HÖREN DIE HÖCHSTEN TÖNE

Fledermäuse können Ultraschalltöne bis zu einer Frequenz von 200 Kilohertz (200 000 Schwingungen pro Sekunde) wahrnehmen, Menschen dagegen nur Töne bis zu höchstens 20 Kilohertz (bei Hunden sind es 40 Kilohertz). Um Beutetiere auszumachen, benutzen die kleinen Raubtiere ihre Ultraschallwahrnehmung als Sonar, wobei die Genauigkeit mit der Tonhöhe steigt.

DER GRÖSSTE FEINSCHMECKER

Der Katzenwels hat Geschmacksknospen im und rund um das Maul, aber auch auf seinen Barteln – und zwar durchschnittlich 100 000, während es beim Menschen nur 10 000 sind! In der Nacht, wenn er nichts sehen kann, ermöglichen ihm die Geschmacksknospen außerhalb des Mundes, die Güte potenzieller Nahrung zu testen, bevor er sie frisst.

DAS TIER MIT DEN BESTEN AUGEN

Die Mantelgarnele besitzt das am höchsten entwickelte Sehorgan aller Tiere. Jedes Auge sitzt auf einem beweglichen Stiel (wodurch es sich unabhängig vom anderen bewegen kann) und hat drei Pseudopupillen, so dass die Mantelgarnele mit einem einzelnen Auge dreidimensional sehen kann. Sie nimmt außerdem alle Wellenbereiche von Ultraviolett bis Infrarot wahr, dazu auch polarisiertes Licht, um ihre transparenten Beutetiere erkennen zu können.

Das lauteste je registrierte natürliche Geräusch verursachte am 27. August 1883 die Explosion des indonesischen Vulkans Krakatau. Die Lautstärke dieser historischen Eruption überstieg 180 Dezibel und war damit lauter als der Schallpegel einer startenden Rakete. Das Geräusch wurde noch im Umkreis von 4800 Kilometern wahrgenommen, es war also auf einem Zwölftel der Erdoberfläche hörbar!

EINE OHRENBETÄUBENDE EXPLOSION

EIN INSEKT MIT DER LAUTSTÄRKE EINES PRESSLUFTHAMMERS

Brevisana brevis, eine afrikanische Zikadenart, ist das lauteste Insekt. In 50 Zentimetern Entfernung wurde ihr Lärm mit 106,7 Dezibel registriert. Diesen extremen Krach erzeugt das Insekt, indem es zwei Membranen an der Hinterleibbasis vibrieren lässt. Damit lockt es Weibchen an und vertreibt Beutegreifer.

EINE WIRKLICH ÜBELRIECHENDE BLÜTE

Die Titanwurz *Amorphophallus titanium*, eine Pflanze der indonesischen Regenwälder, hält den Rekord für die am höchsten aufragende Blüte der Welt. Außerdem ist diese Blüte auch die übelriechendste! Die bis zu vier Meter hohe und 77 Kilogramm schwere Pflanze strömt einen fauligen Aasgeruch aus, der bis zu einem Kilometer weit zu riechen ist!

DIESES TIER STINKT

Wirklich Pech hat, wer einem Stinktier in die Quere kommt! Dieses nordamerikanische Säugetier besitzt zwei Afterdrüsen, die eine besonders Übelkeit erregende Flüssigkeit absondern. Das Tier kann sie bis zu sechs Meter weit verspritzen, und der Geruch breitet sich sogar drei Kilometer weit aus!

DIE FEINSTE NASE

Weltmeister in Sachen Geruchssinn ist ein Schmetterling. Das Kleine Nachtpfauenauge kann ein Weibchen seiner Spezies aus einer Entfernung von bis zu elf Kilometern wahrnehmen. Tausende von Sinneshaaren auf den Antennen dienen ihm als Nase. Das Männchen wird dabei von den Pheromonen geleitet, die das Weibchen absondert.

FEINDSELIGKEIT

FEIND
SELIG
KEIT

DER AKTIVSTE VULKAN

WEIL ER SEIT 1983 fast ununterbrochen flüssige Lava spuckt, gilt der Kilauea auf Hawaii als aktivster Vulkan der Welt. Dieser Titel wird allerdings auch vom Piton de la Fournaise auf der Insel Réurion beansprucht, der seit einem Jahrhundert ein Mal jährlich ausbricht, sowie von den italienischen Vulkanen Ätna und Stromboli.

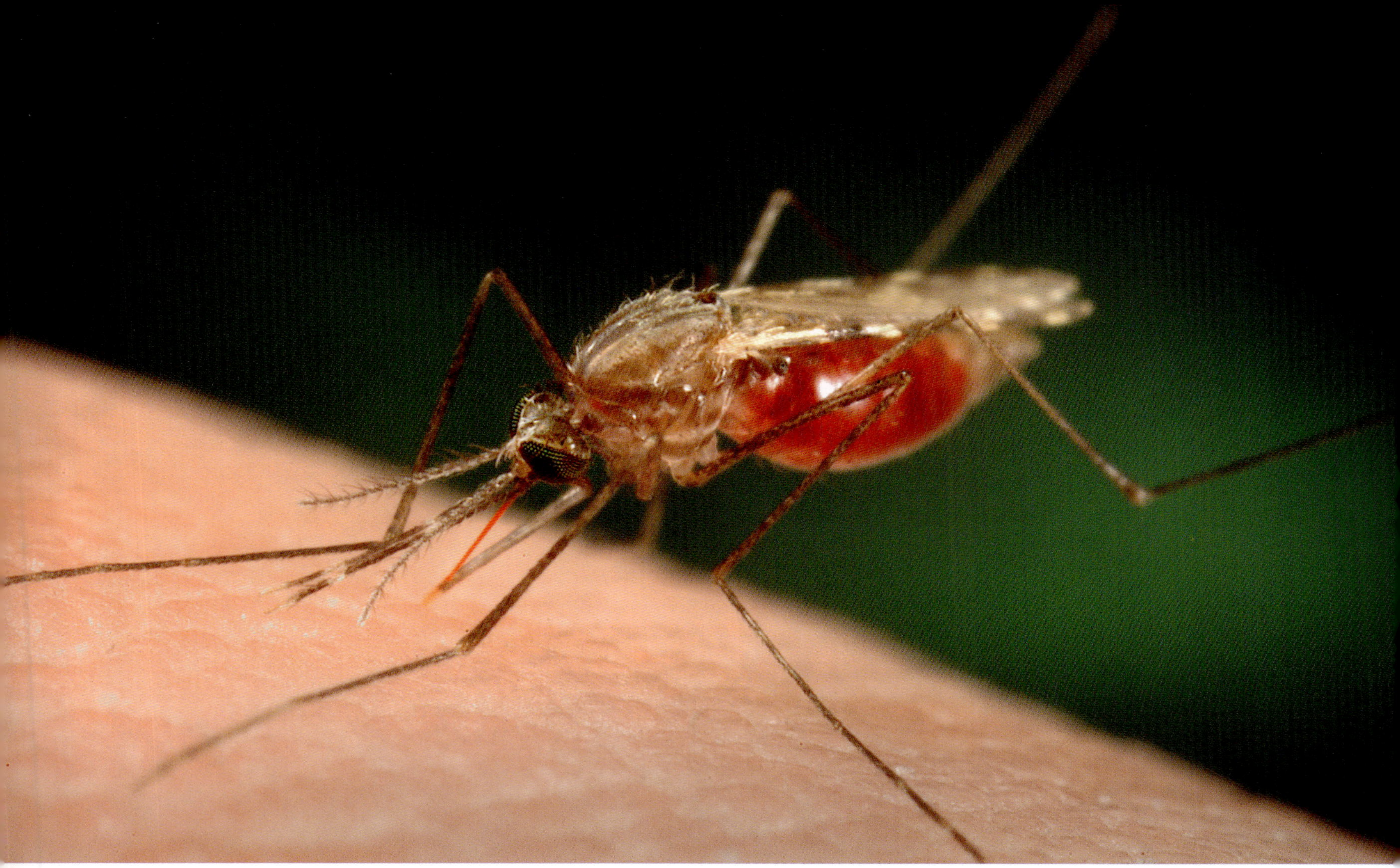

DAS FÜR DEN MENSCHEN GEFÄHRLICHSTE TIER

Von den 3500 weltweit vorkommenden Moskitoarten übertragen fast 150 von ihnen Bakterien und Viren, die für Menschen gefährlich sind. Die Moskitoweibchen lösen so unter anderem Epidemien wie Sumpffieber, Gelbfieber und Chikungunya-Fieber aus und töten zwischen einer und zwei Millionen Menschen pro Jahr!

TÖDLICHE GEFAHR FÜR DEN MENSCHEN

Die Nesselzellen eines einzigen Tentakels der Würfelqualle *(Chironex fleckeri)* können schon die notwendige Dosis von drei Milligramm Gift injizieren, um einen Menschen zu töten. Und diese Qualle hat 60 solcher Tentakel mit einer Länge von drei Metern! Die – unbeabsichtigten – Angriffe sind selten, aber trotzdem hat die Würfelqualle schon mehrere Dutzend Menschen auf dem Gewissen.

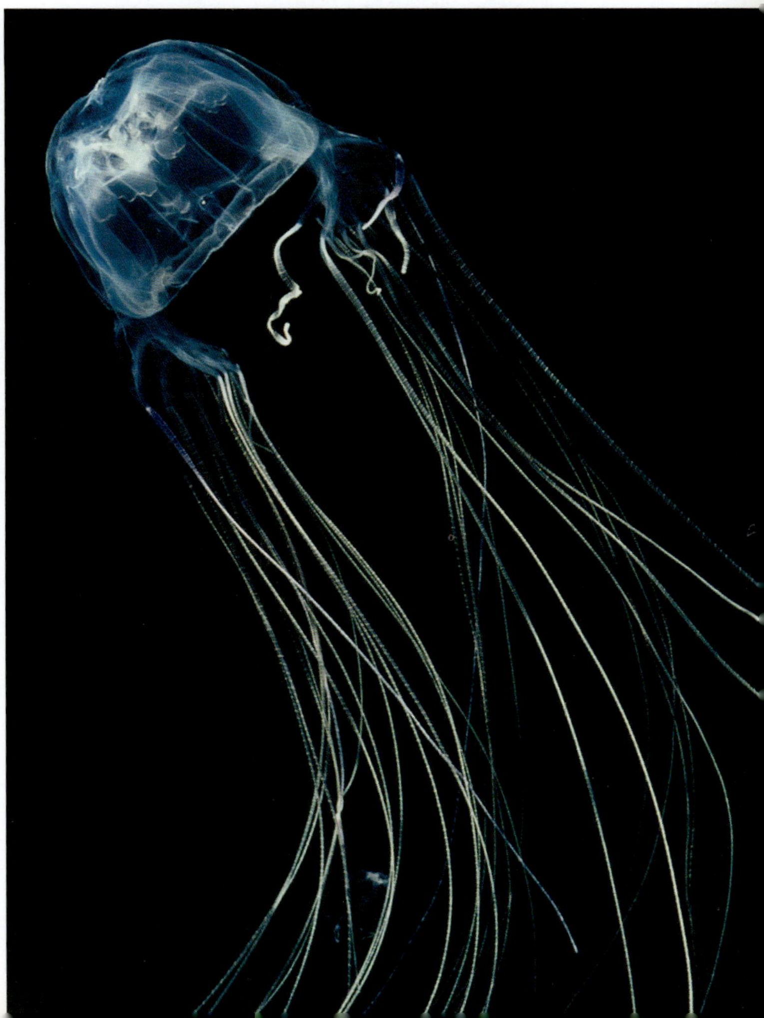

ALLES AN IHM IST GIFTIG!

Der in bestimmten Gebieten Arabiens, Äquatorialamerikas und der Antillen wachsende Mancinellenbaum *(Hippomane mancinella)* ist der giftigste Baum der Welt! Seine apfelartigen Früchte können, wenn man sie verzehrt, tödlich wirken. Der Stamm verursacht schon bei einfacher Berührung schwere Verätzungen. Und bei Regen wird das von den Blättern tropfende Wasser genauso ätzend wie Salzsäure.

DIESE GIFTPFLANZE WÄCHST IN UNSEREN GÄRTEN

Der bis in die gemäßigten Zonen verbreitete Rizinus *(Ricinus communis)* ist eine für zahlreiche Todesfälle verantwortliche Tropenpflanze. Die Samenkörner dieses Wolfsmilchgewächses enthalten eine hohe Konzentration an Rizinus, einer äußerst giftigen Substanz, die in menschlichen Zellen die lebenswichtige Proteinproduktion verhindert. Angeblich kann ein einziges Samenkorn ein Kind töten.

DIESER FLUSS IST EINE KATASTROPHE

Mit seinen plötzlichen Hochwassern und abrupten Änderungen des Flusslaufes ist der Huang Ho oder Gelbe Fluss in China der tödlichste Strom der Welt. In 3500 Jahren hat er fast 1500 Überschwemmungen verursacht! Die schlimmste war die zwischen 1887 und 1888, bei der etwa 2,5 Millionen Menschen starben.

BADEN VERBOTEN

Im einladenden grünen Wasser des Kawah Ijen kann man nicht schwimmen gehen. Mit einem pH-Wert von 0,5 ist dieser Kratersee auf der Insel Java das säurehaltigste Gewässer der Welt. Er verdankt diesen Säuregehalt (Schwefel- und Salzsäure) seinen Fumarolen und unterseeischen Quellen.

松山
HOTEL
附設地下室
大型停車場

DER VERHEERENDSTE HURRIKAN

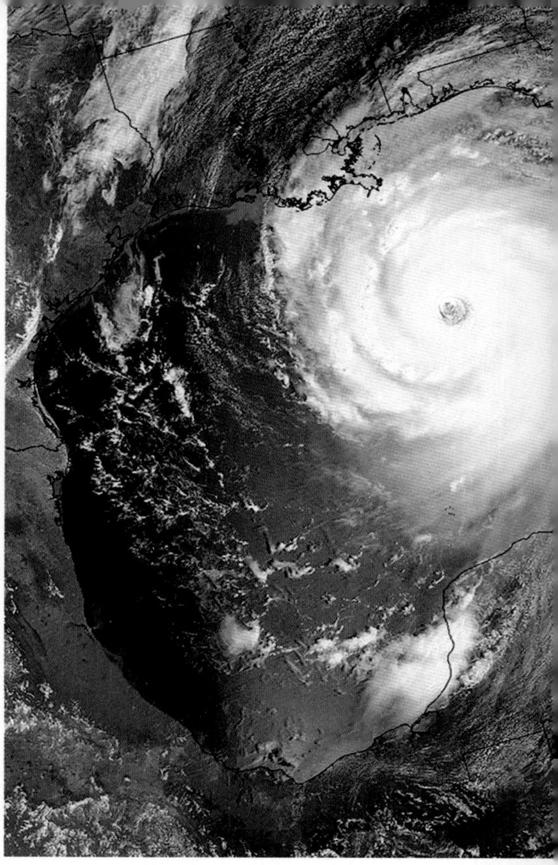

Hurrikan Katrina, der am 29. August 2005 auf die Küste bei New Orleans traf, war der Orkan mit der bislang größten Ausdehnung. Mit einem Auge von 40 Kilometern Durchmesser und einem Radius von über 650 Kilometern sowie einer Windgeschwindigkeit von bis zu 280 Stundenkilometern war er auch der stärkste mit den größten Zerstörungen. Die Schadenssumme betrug über einhundert Milliarden Dollar.

DER GEFÄHRLICHSTE ORT DER WELT

Die Insel Taiwan vor der Küste Chinas mit ihren 23 Millionen Einwohnern liegt auf der Route von Taifunen, die regelmäßig Sturm- und Flutschäden verursachen. Außerdem sitzt sie auf einer großen tektonischen Verwerfung. 70 Prozent der Insel sind durch Naturkatastrophen gefährdet. Die bis jetzt letzte war im Jahr 1999. Ein Erdbeben der Stärke 7,6 auf der Richterskala kostete 2400 Menschenleben.

Das Erdbeben mit den meisten Toten in der Menschheitsgeschichte ereignete sich am 23. Januar 1556 in der chinesischen Provinz Shaanxi. Dieses Beben, dem nachträglich eine Stärke von 8 auf der Richterskala zugeschrieben wird, verwüstete das Gebiet im Umkreis von 800 Kilometern und führte zum Tod von 60 Prozent der Bevölkerung, etwa 830 000 Menschen!

830 000 TODESOPFER

WO DIE TORNADOS AM ZERSTÖRERISCHSTEN WIRKEN

In Bangladesch werden durch Tornados jedes Jahr 179 Personen getötet, mehr als in den USA (60 Tote pro Jahr)! Dieser traurige Rekord geht auf die hohe Bevölkerungsdichte (150 Millionen Einwohner auf der Fläche, die halb so groß wie Deutschland ist) und auf mangelhafte Vorsorge zurück. Der bis jetzt schlimmste Tornado trat am 26. April 1989 im Gebiet von Daultipur-Salturia auf und tötete 1500 Menschen.

HIER FALLEN NUR 0,80 MILLIMETER REGEN PRO JAHR

Trockener wird's nicht: In der Atacama-Wüste, die sich 2700 Kilometer entlang der Nordwestküste Chiles erstreckt, fallen im Jahresdurchschnitt nur 0,80 Millimeter Niederschlag. Sanddünen, Salzseen, Geysire und bis zu 6000 Meter hohe Vulkane überziehen diese Felswüste von 200 000 Quadratkilometern. Die Trockenheit des Klimas ist auf den kalten Humboldtstrom zurückzuführen, der die Verdunstung von Pazifikwasser verhindert, sowie auf ein Hochdruckgebiet, das die trockene Luft auf den Boden drückt.

VER EHR UNG

ERMEHRUNG

DAS PAAR,

DAS AM WENIGSTEN ZUSAMMENPASST

DAS WEIBCHEN des Grünen Igelwurms *(Bonellia viridis)*, ist einen Meter lang, während das Männchen nur eine Größe bis zu drei Millimetern erreicht – ein Extrembeispiel für sexuellen Dimorphismus. Das Männchen lebt auf dem Rüssel oder im Körper des Weibchens, das bis zu 85 Männchen beherbergen kann! Sie dienen ausschließlich der Vermehrung; ihr Verdauungsapparat ist nicht funktional. Die Tiere leben im Meer und in Tiefseegräben.

DAS ASS DER SELBSTBEFRUCHTUNG

Die Rennechse *Cnemidophorus* ist Weltmeister der ungeschlechtlichen Vermehrung (Parthenogenese). Bei nicht weniger als 15 ihrer Arten gibt es nur Weibchen, die ausschließlich selbstbefruchtete Eier tragen.

WENIGER ALS ZWEI WOCHEN IM MUTTERLEIB

Von allen Säugetieren haben drei Arten südamerikanischer und australischer Beuteltiere die kürzeste Tragzeit. Beim Südopossum, dem Wasseropossum und der Getüpfelten Beutelkatze dauert sie gewöhnlich nur zwölf bis 13 Tage. Danach setzen die nur 0,2 Gramm schweren Neugeborenen ihre Entwicklung im Beutel der Mutter fort.

GARANTIERTE VIERLINGE

Das weibliche Neunbindengürteltier ist (neben einer anderen Gürteltierart) die einzige Spezies, die immer eineiige Vierlinge wirft. Diese Eigentümlichkeit erklärt sich aus ihrer einzigartigen Vermehrungsweise, der monozygoten Polyembryonie. Die befruchtete Eizelle teilt sich dabei automatisch in vier Zellen, aus denen vier identische Embryonen entstehen.

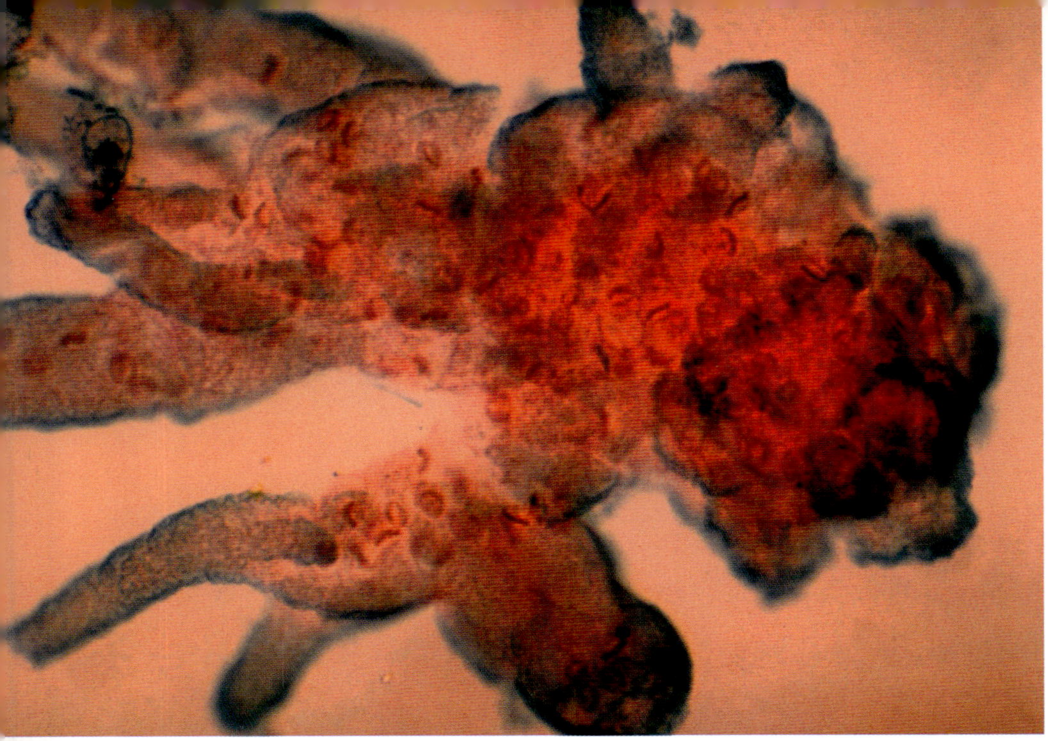

IHRE ZELLTEILUNG IST DIE SCHNELLSTE

Der erste Preis für die schnellste Vermehrung bei den Eukaryoten (Lebewesen, deren Zellen einen Kern haben) gebührt der Amöbe. Diese winzigen einzelligen Protozoen (sie messen zwischen einem Mikrometer und einem Millimeter) können sich alle drei Stunden teilen, etwa eintausend Mal so schnell wie eine normale tierische Zelle.

ER LEGT BIS ZU EINER MILLIARDE EIER

Der Mondfisch *(Mola mola)* ist ohne Zweifel das Wirbeltier (wenn nicht Tier überhaupt) mit der zahlreichsten Nachkommenschaft: Ein durchschnittlich großes Weibchen (1,5 Meter Länge) kann bis zu 300 000 Eier legen. Da die Gelegegröße der Körperlänge proportional ist, könnten die größten Mondfische (drei Meter Länge) mehr als eine Milliarde Eier legen!

DAS EINZIGE MÄNNCHEN, DAS MILCH GIBT

Dyacopterus spadiceus ist eine Flughundeart, die auf Sumatra und Borneo sowie auf der Malaiischen Halbinsel beheimatet ist. Es gilt als das einzige bekannte männliche Wildtier, das Milch ausscheiden kann. Dieser Umstand wurde bereits 1992 entdeckt, aber man kennt bis heute noch keinen Grund für diese Laktation. Soll damit das Weibchen bei der Ernährung der Jungen unterstützt werden oder handelt es sich um eine physiologische Reaktion auf eine phyto-östrogenreiche Ernährung?

ER

ALTER

DIE KÜRZESTE LEBENSZEIT

NACH EINEM JAHR im Larvenstadium nimmt dieses Insekt, die Eintagsfliege, seine endgültige Gestalt an – aber nur für wenige Stunden, die der Vermehrung gewidmet sind. Das Männchen hat nicht einmal Mundwerkzeuge und stirbt direkt nach der Paarung, während das Weibchen noch die Eier ablegt, bevor es ebenfalls eingeht.

DAS ÄLTESTE IRDISCHE GESTEIN

Mit 4,03 Milliarden Jahren ist dieser Acasta-Gneis aus dem kanadischen Nordwesten das älteste Stück irdischen Krustengesteins. Er ist allerdings nicht das älteste erhaltene Material: Im Narryer-Gneis-Terrane Australiens wurde 4,404 Milliarden Jahre alter Kristall gefunden, der damit ungefähr so alt ist wie die Erde selbst.

DIE ERSTEN LEBENSSPUREN

Vor 3,5 Milliarden Jahren bildeten einzellige Lebewesen, die Cyanobakterien, diese Stromatolithen genannten kissenförmigen Gebilde. Die ältesten wurden in Warrawoona (Australien) gefunden. Mehrere verschiedene Bakterien haben an ihrem Bau mitgewirkt, ein Beleg für die reiche Diversifizierung des Lebens bereits in der Frühzeit!

Im Südosten der australischen Insel Tasmanien befindet sich ein Gehölz der Tasmanischen Stechpalme. Diese Pflanzenart wuchert dort auf einer Länge von 1,2 Kilometern. 8,5 Kilometer davon entfernt wurde ein 43 600 Jahre altes Stechpalmenfossil entdeckt. Da diese Pflanze steril ist und sich nur durch Ableger vermehrt, besteht kein Zweifel, dass dieses Fossil der direkte Vorläufer der heutigen Pflanze ist, die damit zur ältesten der Welt erklärt wurde.

EINE 43 600 JAHRE ALTE PFLANZE

DIESES WEICHTIER IST DER SENIOR DES TIERREICHS

Der Rekord für Langlebigkeit im Tierreich wird von einer nordatlantischen Muschel, der Islandmuschel namens *Arctica islandica*, gehalten. Bei einem 2007 vor der isländischen Küste gefangenen Exemplar ergab die Untersuchung der Wachstumsstreifen auf der Schale ein Alter zwischen 405 und 410 Jahren! Das langlebigste bekannte Säugetier ist ein Polarwal mit etwa 211 Jahren, der im Nördlichen Eismeer beobachtet wurde.

DAS JÜNGSTE STÜCK LAND

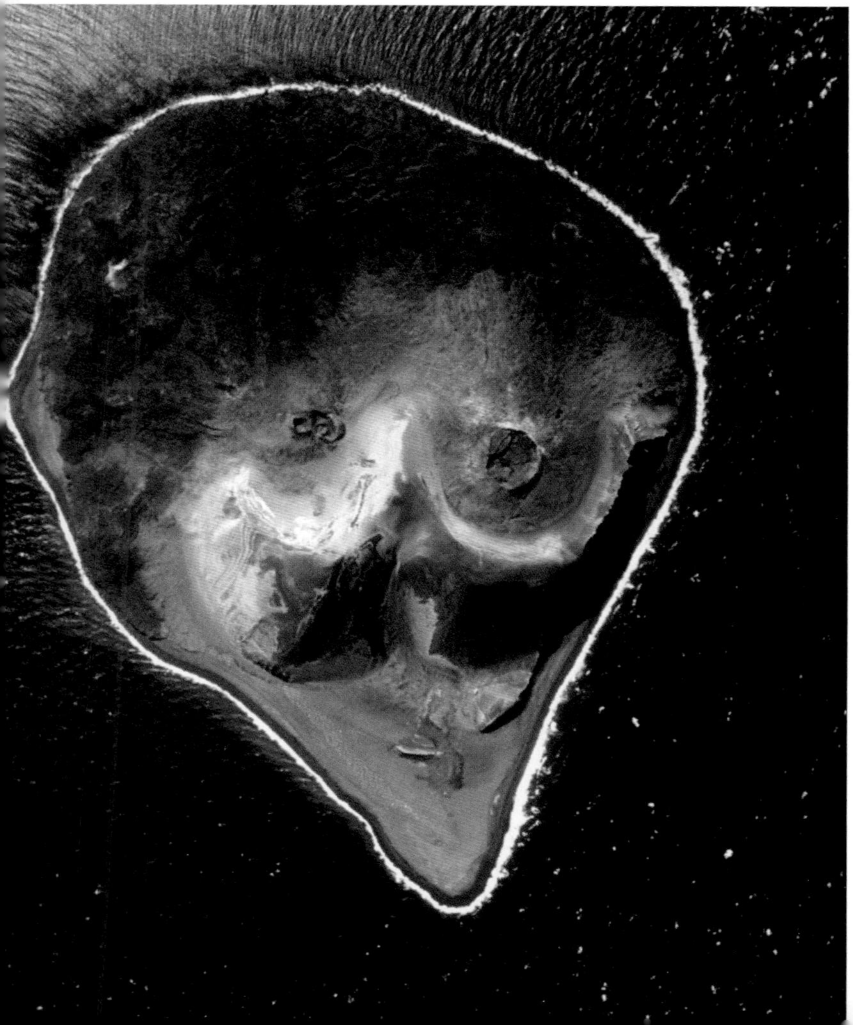

Die Vulkaninsel Surtsey erschien am 14. November 1963 vor der isländischen Südküste auf dem Mittelatlantischen Rücken. Sie entstand im Gefolge eines Vulkanausbruchs, in 130 Metern Meerestiefe. Vier Jahre später war die Insel auf eine Größe von 2,7 Quadratkilometern angewachsen. Wenn keine weiteren Ausbrüche folgen, wird sie in 500 Jahren von der Erosion wieder abgetragen worden sein.

DER BENJAMIN UNTER DEN VULKANEN

Der Paricutín im mexikanischen Bundesstaat Michoacán ist der jüngste terrestrische Vulkan der Welt. Seine Bildung begann am 23. Februar 1943 mitten in einem Maisfeld mit einem rauchenden Loch von fünf Metern Durchmesser und 1,5 Metern Tiefe. Bis er am 4. März 1952 wieder erlosch, hatten mehrere aufeinander folgende Ausbrüche einen Schlackenkegel von 423 Metern Höhe aufgetürmt!

DIE FICHTE,
DIE 9950 JAHRE ALT IST

Sie hat gerade Methusalem entthront, eine 4700 Jahre alte Bristlecone-Kiefer in den kalifornischen White Mountains. Der älteste Baum der Welt ist nun eine Fichte, die auf dem Fulu-Berg in Mittelschweden wächst. Ihr Stamm datiert zwar erst von 1940, aber ihre Wurzeln sind 9950 Jahre alt – stirbt ein Stamm ab, wächst jeweils ein neuer nach!

DAUER

ER WAR SCHON NACHBAR DER DINOSAURIER

SIE HABEN SICH SEIT 390 Millionen Jahren praktisch nicht verändert! Man glaubte, die Quastenflosser *(Coelacanthus)* seien seit 65 Millionen Jahren ausgestorben, bis 1938 vor Südafrika ein lebendes Exemplar gefangen wurde. Danach wurden bis zum Verbot der Jagd auf sie noch weitere 200 dieser »lebenden Fossilien« in den Gewässern Indonesiens und der Komoren erbeutet. Wegen der Besonderheiten seines Körperbaus (die Flossen haben ein Knochengerüst und der Hinterleib enthält eine atrophierte Lunge) hielt man den Quastenflosser zeitweise für das berühmte fehlende Glied in der Kette von den Wasser- zu den Landtieren und damit zum Menschen.

ZWEI JAHRE OHNE ZU LANDEN

Die Füße des Mauerseglers *(Apus apus)* sind zu kurz, um damit auf dem Boden zu landen. Er kann bis zu zwei Jahre in der Luft verbringen, ohne je festen Boden zu berühren. Dieser in Europa und Asien weit verbreitete Zugvogel landet nur ausnahmsweise, zum Beispiel zur Eiablage. Die restliche Zeit über frisst, schläft und paart er sich im Flug!

SIE TRINKEN **NIEMALS**

Ein ganzes Leben ohne zu trinken! Dieser unglaubliche Rekord wird von mehreren Säugetieren gehalten: der Känguruuratte (Kanada, Mexiko, USA), der Dorkas-Gazelle, der Rhim-Gazelle und der Mendesantilope *(Addax nasomaculatus)* in der Sahara. Ihr Stoffwechsel kommt mit dem Wasser aus, das ihre Futterpflanzen enthalten.

FÜNF JAHRE **OHNE ZU FRESSEN**

Die Leder- oder Saumzecken aus der Familie der *Argasidae* verbringen 98 Prozent ihres Lebens mit Fasten! Tatsächlich benötigen diese Spinnenverwandten nur drei Mahlzeiten im Leben – die erste, um vom Larven- ins Nymphenstadium überzugehen, eine zweite, um die ausgewachsene Form zu erreichen, und die dritte vor der Paarung. Einige Zecken kommen, während sie auf ein Wirtstier und sein Blut warten, fünf Jahre lang ohne Nahrung aus. Laut einiger Spezialisten können sogar elf, ja bis zu 20 Jahre Fasten daraus werden!

50 JAHRE SCHLAF

Die Rose von Jericho, eine Wüstenpflanze aus dem mexikanischen Bundesstaat Chihuahua, kann 50 Jahre ohne Wasser auskommen und trocknet während dieser Zeit vollständig aus. Feuchtet man sie an, entrollen sich die vertrockneten und eingeschrumpften Blätter der abgestorben wirkenden Pflanze wieder und ergrünen! Dieses als Reviviszenz bezeichnete Phänomen ist auch von einigen Moosen und Farnen bekannt.

MEHR ALS ZWEI TAGE OHNE WASSER!

Der Mangrovenschlammspringer *(Periophthalmus)* ist ein Fisch der tropischen Mangrovensümpfe. Er kann zweieinhalb Tage ununterbrochen außerhalb des Wassers verbringen! Seine Bauchflossen sind zu einem Saugnapf umgebildet, mit dem er zur Beutejagd auf Baumstämme klettern kann. Schlammspringer haben keine Lungen, sondern müssen ihre Haut permanent feucht halten, um ihre besondere Atemtechnik aufrechtzuerhalten: Gasaustausch über die Haut und Kiemenatmung.

Die Ortschaft Argentia auf der kanadischen Insel Neufundland hält den Rekord für die meisten Nebeltage: 206 sind es im Jahresdurchschnitt. Der als »Meeresdampf« bezeichnete Nebel bildet sich, wenn warme und feuchte Luft aus dem Süden auf den kalten Labradorstrom trifft – und zwar zu jeder Jahreszeit. Am häufigsten geschieht dies im Frühling und Frühsommer, wenn der Temperaturunterschied zwischen Luft und Meerwasser am stärksten ist.

ÜBER DIE HÄLFTE DES JAHRES IM NEBEL

EIN FEUER, DAS SCHON SEIT 5500 JAHREN BRENNT

300 Kilometer nördlich von Sydney (Australien) liegt »Burning Mountain«, ein Ort, unter dem seit 5500 Jahren der Boden brennt! Ein natürliches Feuer glimmt hier in 30 Metern Tiefe in einem Kohlenflöz vor sich hin und stößt aus Erdspalten beträchtliche Mengen Rauch aus. Dass nur wenig Sauerstoff an das Feuer gelangt, erklärt, warum es so langsam brennt: Es schreitet jedes Jahr nur um einen Meter nach Süden fort.

ER STÜRMTE EINEN MONAT LANG

Der am 11. August 1994 vor Mittelamerika entstandene Hurrikan John löste sich erst am 10. September über dem Nordpazifik auf. Dass er 31 Tage währte, brachte ihm den Titel des am längsten anhaltenden Orkans aller Zeiten ein! Obwohl er über 13 000 Kilometer zurücklegte und Windgeschwindigkeiten von 280 Kilometern pro Stunde erreichte, forderte dieser tropische Zyklon, da er ausschließlich über dem offenen Meer tobte, kein einziges Opfer.

GEWICHT

DAS MÄCHTIGSTE METEORITEN-BRUCHSTÜCK

DAS MASSIVSTE FRAGMENT eines Meteoriten, das uns bekannt ist, wurde 1920 in der Nähe des Dorfes Hoba im Norden Namibias entdeckt. Dieser Eisen-Nickel-Block von 60 Tonnen Gewicht ist einen Meter hoch, 2,95 Meter lang und 2,85 Meter breit, was ein Volumen von neun Kubikmetern ergibt. Der Einschlag dieses etwa 200 bis 400 Millionen Jahre alten Meteoriten liegt etwa 80 000 Jahre zurück.

20 KILOGRAMM SCHWERE SAMENKÖRNER

Die schwersten Samenkörner der Welt stammen von der Seychellenpalme *(Lodoicea maldivica)* auf den Inseln Praslin und Curieuse des Seychellenarchipels. Die wegen ihrer Form auch »Kokos-Hintern« genannten riesigen Nüsse werden bis zu 20 Kilogramm schwer! Aufgrund ihres Gewichts können sie nicht mehr vom Wind oder von Tieren weiterverbreitet werden. Außerdem keimen sie im Naturzustand nur auf ihren Ursprungsinseln.

SO SCHWER WIE WASCHMASCHINEN

Den Rekord für die größten Baumzapfen halten zwei Tropenpflanzen aus der Familie der *Zamiaceae*. Die Palmfarne *Encephalartos manikensis* aus Simbabwe und *Lepidozamia* aus Australien bringen Zapfen von bis zu 90 Zentimetern Länge und 45 Kilogramm Gewicht hervor!

SCHWER WIE EINE BOCCIA-KUGEL

Die schwersten je gemessenen Hagelschloßen wogen ein Kilogramm pro Stück. Sie fielen am 14. April 1986 in Gopalganj, einer Provinz von Bangladesch, und töteten 92 Menschen! Im französischen Straßburg wurde am Abend des 11. August 1958 ein besonders schweres Gewitter von Hagelschauern begleitet, deren Körner bis zu 972 Gramm wogen, was den französischen Rekord darstellt. Unser Bild zeigt das größte amerikanische Hagelkorn, aufgenommen 2003 in Aurora, Nebraska.

EIN GROSSHERZIGES TIER

Das Herz der Giraffe wiegt elf Kilogramm. Damit hat sie von allen terrestrischen Säugetieren das im Verhältnis zum Körper schwerste Herz. Mit bis zu 60 Litern Pumpleistung pro Minute liefert es dem Tier den nötigen Blutdruck zur Versorgung des Gehirns, das im Kopf auf einem zwei Meter langen Hals sitzt. Der Blutdruck ist drei Mal höher als beim Menschen!

DER RIESE DER SAVANNE

Mit einer durchschnittlichen Schulterhöhe von vier Metern und einem Gewicht bis zu 7,5 Tonnen ist der Afrikanische Elefant das schwerste Landtier. Um seinen Nahrungsbedarf zu decken, verzehrt dieses vom Aussterben bedrohte pflanzenfressende Säugetier pro Tag 100 bis 300 Kilogramm Futter und trinkt 200 Liter Wasser.

Der schwerste Diamant der Welt wurde am 25. Januar 1905 in einer Mine in der Nähe der Hauptstadt Pretoria in Südafrika gefunden. Der nach dem Eigentümer der Lagerstätte Cullinan getaufte Edelstein wog 3106,75 Karat, das entspricht 621,35 Gramm! Der Rohdiamant wurde nach Großbritannien gebracht und dort in neun große Steine und 96 Brillanten zerlegt und geschliffen.

EIN DIAMANT VON FORMAT!

EINE PERLE MIT 1280 KARAT

Sie wird als »Perle Allahs« oder »Perle des Lao-Tse« bezeichnet, ist 6,4 Kilogramm schwer und 24 Zentimeter lang. Gefunden wurde sie am 7. Mai 1934 vor Palawan, Hauptinsel der drittgrößten Inselgruppe der Philippinen. 2006 wurde der Wert dieser Konkretion aus dem Perlmutter einer Tridacna-Riesenmuschel auf 40 Millionen Euro geschätzt.

DIESES INSEKT IST SCHWERER ALS EINE MAUS

In den tropischen Regenwäldern Zentralafrikas findet man das schwerste Insekt der Welt. Der Goliathkäfer ist ausgewachsen bis zu elf Zentimeter lang und wiegt einhundert Gramm! Im Flug ist das Brummen der Flügel dieses größten Käfers mehrere Meter weit zu hören.

GEWICHTIGE REGENWÜRMER

Nach den Mikroorganismen und den Pflanzen sind die Regenwürmer die drittgrößte Biomassenkomponente der Erde. Jeder Hektar Boden enthält zwischen fünf und 20 Tonnen von ihnen. Stiegen sie alle an die Oberfläche, fände man 250 Stück auf jedem Quadratmeter! Auf einer Weide wiegen die Regenwürmer im Boden genauso viel wie die Kühe, die darauf grasen.

ER KANN DAS HUNDERTFACHE SEINES GEWICHTS TRAGEN

Diese Leistung ist im Laborversuch überprüft worden: Der Nashornkäfer, selbst kaum drei Gramm schwer, kann das Hundertfache seines Eigengewichts tragen. Auf den Menschen übertragen entspräche dies sieben Tonnen, also etwa fünf Pkw! Selbst ein trainierter Gewichtheber schafft nur das Dreifache seines Eigengewichts.

DAS IMPOSANTESTE TIER DER WELT

Zwischen 150 und 180 Tonnen: Das ist der Gewichtsrekord für den Blauwal *(Balaenoptera musculus)*, das schwerste Tier der Welt. Nur einige große Dinosaurier – etwa der auf 150 bis 200 Tonnen geschätzte *Bruhathkayosaurus* – hätten sich mit ihm messen können, aber die fossile Überlieferung ist zu unvollständig, um sichere Gewichtsangaben zu machen.

DIE KÖNIGIN DER MUSCHELN

Die Große Riesenmuschel *Tridacna gigas*, die größte Muschel der Welt, kann einen Durchmesser von bis zu 1,5 Metern und ein Gewicht bis zu 500 Kilogramm erreichen. Wegen ihres schmackhaften Fleisches ist diese hermaphroditische Molluske, die im Roten Meer und im indopazifischen Raum zu Hause ist, Opfer intensiver Fischerei und vom Aussterben bedroht.

DER GRÖSSTE APPETIT

Das leichteste Säugetier der Welt ist die Etruskerspitzmaus *(Suncus etruscus)*. Sie wiegt nur zwei Gramm, frisst aber – im Verhältnis zu ihrem Gewicht – am meisten. Tatsächlich ist diese hauptsächlich im Mittelmeergebiet verbreitete Spitzmaus ein eifriger Insektenjäger und verzehrt jeden Tag das Doppelte ihres Eigengewichts. Manche ihrer Beutetiere sind so groß wie sie selbst! Diese Völlerei wie auch die Hyperaktivität der Spitzmaus ist notwendig, um die Körpertemperatur aufrechtzuerhalten.

EXTREM
WERTE

EXTREMWERTE

DER SÜDLICHSTE VULKAN DER WELT

DER AM SÜDLICHSTEN GELEGENE aktive Vulkan auf unserem Planeten ist der Mount Erebus (78° südliche Breite) auf Ross Island in der Antarktis. Der 3794 Meter hohe Erebus ist noch wenig erforscht, da Wissenschaftler ihn wegen des extremen Klimas nur im Dezember, während des Hochsommers der südlichen Hemisphäre, erreichen können.

Zu Ehren des von Jules Verne erfundenen Kapitäns wurde der Pazifische Pol der Unzugänglichkeit »Point Nemo« getauft. Es handelt sich dabei um den Ort im Pazifischen Ozean, der am weitesten von jedem Stück Land entfernt ist. Im Südpazifik liegt er 2689 Kilometer von den nächsten Küsten entfernt: den Inseln Ducie im Norden, Maher im Süden und Moto Nui im Nordosten. Der Nemo-Punkt liegt inmitten einer ununterbrochenen Wasserwüste und hat die Größe der ehemaligen Sowjetunion.

FERN VON ALLEN LANDEN

DER EINSAMSTE BAUM

Auf der Campbell-Insel, 700 Kilometer südlich von Neuseeland, steht der isolierteste Baum der Welt. Es handelt sich um eine sechs Meter hohe Fichte, die 1902 von einem Gouverneur gepflanzt wurde und seitdem auf diesem unbewohnten Stück Land von 115 Quadratkilometern Größe Wache hält. Ihre nächsten Artgenossen wachsen 200 Kilometer entfernt auf den Auckland-Inseln.

DIE NÖRDLICHSTE BLUME

Es handelt sich um eine Spezies aus der Klatschmohnfamilie, den Arktischen Mohn *(Papaver radicatum)*, der am weitesten im Norden wächst: Man findet ihn auf bis zu 83 ° nördlicher Breite. An einem sonnigen Standort werden seine Blütenblätter gelb, im Schatten bleiben sie weiß, um Energie zu sparen. Im Sommer dreht sich die Blüte wie eine Sonnenblume stets zur Sonne hin.

MITTEN IM OZEAN

Die Tristan-da-Cunha-Inseln liegen im Südatlantik 2575 Kilometer südlich von St. Helena, 3360 Kilometer von Südamerika und 2800 Kilometer von Südafrika entfernt. Diese Lage macht die von 268 Menschen bewohnte, 210 Quadratkilometer große Hauptinsel des Archipels zum abgeschiedensten Ort der Welt.

FERN DER KÜSTE: EURASISCHER POL
DER UNZUGÄNGLICHKEIT

Der am weitesten vom Meer entfernte Punkt liegt in China, und zwar in der Dzoosotoyn-Elisen-Wüste. Der englische Entdecker Nicholas Crane und sein Cousin Richard erreichten diesen Ort 1986. Die Entfernung zur nächsten Küste beträgt 2370 Kilometer!

BILDNACHWEIS

Umschlag: W. J. Warren/Science Faction/Getty, S. 8: R. Stucky/National Geo/Getty, S. 12: S. Bird/Corbis, S. 13: S. E. Kelly, S. 14: G. Douwna/Getty, S. 15: B. Curtsinger/National Geo/Getty, S. 16-17: N. Rowall/Corbis, S.19: D. Muench/Corbis, S. 20: T. McGuire/Corbis, S. 21: S. Arnold/Bios, Getty, S.25: G. Dixon/Lonely Planet/Getty, S. 26: G.Cubitt/Okapia/Bios, S. 27: W. Chaoying/China Fotopress/Getty, S. 31: G.Rowell/Corbis, S. 32: C. Druett/Corbis, S. 35: A.Morris/Corbis, S. 36: J.Burtchotsky-Houser/Corbis, S. 37: S.S.L/Cosmos, S. 40: China Photos/Getty, S. 41: A. Dragesco Joffe/Bios, S. 43: D. Leh-Man/Corbis, S. 44: F. Latreille/Corbis, S. 45: S. Robles/Minden/Getty, H. Takami/Jamstec, S. 49: S.Alvarez/National Geo/Getty, S. 50: R. White/Corbis, S. 51: Travel Ink/Getty, S. 55: Nasa, S. 56: A.Morris/Corbis, S. 57: B.Knox/Corbis, S. 58: T. De Roy/Minden/Getty, S. 59: Still Pictures/Bios, S. 60: De Agostini Picture/Getty, S. 61: I.Arndt/Minden/Getty, S. 62: M. Gunther/Bios, S. 63: Jet Propulsion Lab./Nasa, S. 64: C. Furlong/Getty, S.65: X. Eichaker/Bios, S. 67: Bios, S. 68: T. Boeckel, S. 69: Nasa, S. 70-71: D. Conger/Corbis, S. 73: D. Nigel/Bios, S. 74: M. Harvey/Bios, S. 75: N. Muchhala/University Toronto, S. Nick-len/National Geo/Getty, S. 77: R. Du Toit/Getty, S. 78: A. Compost/Bios, S. 79: B. Blevino/Corbis, S. 82: S. Alvarez/National Geo/Getty, S. 83: E. Darack/Getty, S. 84: Y. Arthus-Bertrand/Corbis, S. 86: S. John-Dimages/Corbis, S. 87: D. Muench/Corbis, S. 88: USDA Forest Service, S. 89: Y. Arthus-Bertrand/Corbis, S. 90: S. S. L./Cosmos, S. 92-93: R. Stucky/National Geo/Getty, S. 95: J. Garcia Guinea/Museo Nacional De Ciencas Naturales, S. 99: Getty, S. 100: Altrendro/Getty, S. 103: S. Pitamitz/Corbis, S. 104: S. S. L./ Cosmos, S. 105: R. Ergenbright/Corbis, S. 106: R. White/Corbis, S. 107: G. Douwna / Getty, S. 108: Travel Ink/Getty, S. 109: Extra Pol/Look at Sciences, B. Morandy/Getty, S. 113: R. Kinne/Corbis, S. 114: W. Kaehler/Corbis, S. 115: D. Muench/Corbis, S. 117: Artic/Corbis, S. 118: G. Neden/Corbis, S. 119: J. Meerman, S. 123: Gaumont Tv/Minet/Corbis, S. 124: Nasa/USGS, S. 125: B. Pincham/Stone/Getty, S. McBride/Aurora/Getty, S. 126: S. O'Hara/Corbis, B. Dubreuil/Bios, S. 127: Fogden/Minden/Getty, S. 128: N. Rabinowitz/Corbis, S. 129: N. Wu/Minden/Getty, S. 130: K.Wothe/Minden/Getty, M. Skip/Okapia/Getty, S. 131: D. Heuclin/Bios, S. 135: E. Sauer/Corbis, S. 136: J. Mac Donald/Corbis, S. 137: C. Druett/Corbis, T. Van Baelingherm/Bios, S.138: G. Hellier/Getty, S. 141: J. Sparshatt/Getty, S. 142: Sierra Madre Chamber of Commerce, S. 143: Fotonatura/Getty, S. 144: D.Nunuk/Getty, S. 145: Travel Ink/Getty, S. 147: S.S.L./Cosmos, S. 148: Utrecht University, S. 150: CITA, National Geo/Getty, S. 151: M. C. Ross/National Geo/Getty, S. 152: R.Hirschmann/Getty, S. 153: N. Dickinson/Still/Bios, S. 154: D. Delfino/Bios, S. 157: F. Lanting/Corbis, S. 158: Auscape/Bios, S. 159: J. Priscu/University Montana, S. 162: B. Curtinsger/National Geo/Getty, S. 163: K. Schafer/Stone/Getty, S. 167: M.Lane/Bios, S. 168: S. Alvarez/National Geo/Getty, S. 169: Y. Yamashita/Corbis, S. 170: C.Newbert/Minden/Getty, S. 171: N. Wu/Getty, S. 174: J. Hager/Getty, S. 175: E. Shaw/Getty, S. 176: M. Rauch/Bios, S. 179: J. Sugar/Corbis, S. 180: CDC, S. 181: Getty, S. 182: Okapia/Bios, S. 183: Noun/Bios, S. 184: D. Evans/National Geo/Getty, S. 185: J. Sweeney/Lonely Planet/Getty, S. 186: R. Baker/Corbis, S. 187: NOAA, S. 190-191: Jonarnoldimages/Corbis, S. 193: S. Kobech/Bios, S. 194: JM Prevot/Bios, S. 195: B. Lavies/National Geo/Getty, J. Hager/Getty, S. 196: S. Frink/Corbis, S. 197: L.V Bergman/Corbis, S. 201: K. Wilson/Corbis, S. 202: R. Garwood/Corbis, S. 203: DR, S. 205: Bangor University, S. 206: S. Vauthey/Corbis, S. 207: R. Cosar, S. 211: A. Visage/Bios, S. 212: S. Alvarez/National Geo/Getty, S. 213: R. Eritija/Bios, S. Breeden/National Geo/Getty, S. 214: B. Fiero/Prima Community College, S. 215: N. Wu/Minden/Getty, S. 218: NOAA, S. 221: S. Arnold/Bios, S. 222: R. Van Butsele/Getty, S. 223: NOAA, D. Nixon/GPL/Bios, S. 224: Gustina/Getty, S. 225: Minden/Getty, S. 228: L. Conchon/Bios, S. 229: J.-C. Vincent/Bios, S. Conway/Corbis, S. 230: R. Tidman/Corbis, S. 231: Getty, S.232: L. Thouzeau/Bios, S. 235: S. Arnold/Bios, S. 238: S. Vernay/Bios, Landsat.